Technische Mechanik – Erweiterte Formelsammlung

Thomas Pyttel · Brita Pyttel

Technische Mechanik – Erweiterte Formelsammlung

3. Auflage

 Springer Vieweg

Thomas Pyttel
Technische Hochschule Mittelhessen
Friedberg, Deutschland

Brita Pyttel
Hochschule Darmstadt
Darmstadt, Deutschland

ISBN 978-3-658-44846-2   ISBN 978-3-658-44847-9   (eBook)
https://doi.org/10.1007/978-3-658-44847-9

Die Deutsche Nationalbibliothek verzeichnet diese Publikation in der Deutschen Nationalbibliografie; detaillierte bibliografische Daten sind im Internet über https://portal.dnb.de abrufbar.

2. Auflage: © Prof. Dr.-Ing. Thomas Pyttel, Prof. Dr.-Ing. Brita Pyttel 2019

3.Aufl.: © Der/die Herausgeber bzw. der/die Autor(en), exklusiv lizenziert an Springer Fachmedien Wiesbaden GmbH, ein Teil von Springer Nature 2024, korrigierte Publikation 2024
Copyright für Abbildungen: © Prof. Dr.-Ing. Thomas Pyttel 2024. All Rights reserved.

Planung/Lektorat: Eric Blaschke
Springer Vieweg ist ein Imprint der eingetragenen Gesellschaft Springer Fachmedien Wiesbaden GmbH und ist ein Teil von Springer Nature.
Die Anschrift der Gesellschaft ist: Abraham-Lincoln-Str. 46, 65189 Wiesbaden, Germany

Wenn Sie dieses Produkt entsorgen, geben Sie das Papier bitte zum Recycling.

Vorwort

Die vorliegende erweiterte Formelsammlung richtet sich an Studierende technischer Fachrichtungen. In ihr sind Definitionen und Grundgleichungen der Technischen Mechanik aus den Teilgebieten Statik, Festigkeitslehre, Kinematik und Kinetik kompakt zusammengefasst. Sie soll ein effektives Hilfsmittel bei der Lösung von Übungsaufgaben und bei der Bewältigung praktischer Aufgabenstellungen sein.

Ganz bewusst werden keine Herleitungen angegeben. Stattdessen sind alle wichtigen Formeln in Verbindung mit Hinweisen und Tipps zu ihrer Anwendung systematisch und möglichst einheitlich aufgeführt. Der fachliche Umfang deckt den an deutschen Hochschulen im Rahmen des Grundstudiums gelehrten Stoff ab.

Die vorliegende 3. Auflage enthält im Vergleich zur 2. Auflage eine Reihe von inhaltlichen Erweiterungen und Korrekturen, eine Liste mit den wichtigsten Formelzeichen und ein Sachwortverzeichnis.

Unter **www.die-tm-seite.de** sind zu jedem Thema Übungsaufgaben mit Lösungen zu finden. Darüber hinaus werden auf dieser Internetseite verständnisfördernde Inhalte und Kontrollfragen kontinuierlich ergänzt.

Thomas Pyttel, Brita Pyttel
14. April 2024

Die Originalversion des Buchs wurde revidiert. Ein Erratum ist verfügbar unter
htttps://doi.org/10.1007/978-3-658-44847-9_4

Liste wichtiger Formelzeichen und Abkürzungen

l	Länge
A	Flächeninhalt
V	Volumen
m	Masse
S	Schwerpunkt
F	Kraft
M	Moment
n	Kraft pro Länge in Längsrichtung
q	Kraft pro Länge in Querrichtung
m	Moment pro Länge um die Längsachse
F_L	Längskraft
F_Q	Querkraft
M_B	Biegemoment
M_T	Torsionsmoment
μ_0	Haftreibungskoeffizient
μ	Gleitreibungskoeffizient
σ	Normalspannung
τ	Schubspannung
ε	Dehnung
γ	Schubverzerrung
E	Elastizitätsmodul
G	Schubmodul
ν	Querkontraktionszahl
I	Flächenmoment
u	Verschiebung

ϑ	Verdrehung
w	Durchbiegung
σ_V	Vergleichsspannung
s	Strecke
v	Geschwindigkeit
a	Beschleunigung
φ	Winkel
ω	Winkelgeschwindigkeit
α	Winkelbeschleunigung
ω_0	Eigenkreisfrequenz
n	Drehzahl
J	Massenträgheitsmoment
W	Arbeit
P	Leistung
U	potentielle Energie
T	kinetische Energie
p	Impuls
L	Drehimpuls
e	Stoßzahl
ESZ	ebener Spannungszustand
EVZ	ebener Verzerrungszustand
DGL	Differentialgleichung
MKS	Mehrkörpersystem

Inhaltsverzeichnis

1 Statik

1.1 Kräfte und Momente in der Ebene

1.1.1 Vektorielle Darstellung

Kräfte $\vec{F}_i$ und Momente $\vec{M}_k$ sind eigenständige Größen. Unabhängig davon hat eine Kraft $\vec{F}_i$ bezogen auf den Punkt O eine Momentenwirkung $\vec{M}_i$.

Kraft in der x-y-Ebene

$$\vec{F}_i = F_{ix}\,\vec{e}_x + F_{iy}\,\vec{e}_y$$

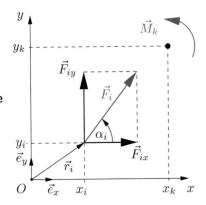

Moment senkrecht zur x-y-Ebene

$$\vec{M}_k = M_k\,\vec{e}_z$$

Koordinaten der Kraft $\vec{F}_i$ bezüglich der x- und y-Achse

$$F_{ix} = F_i \cos\alpha_i\ , \qquad F_{iy} = F_i \sin\alpha_i$$

Moment der Kraft $\vec{F}_i$ bezüglich des Punktes O

$$\vec{M}_i = \vec{r}_i \times \vec{F}_i = M_i\,\vec{e}_z \quad \text{mit} \quad M_i = x_i\,F_{iy} - y_i\,F_{ix}$$

Beachte:

■ Im Rahmen der Technischen Mechanik werden anstelle der Vektoren $\vec{F}_i$, $\vec{M}_k$ in Skizzen in der Regel nur die Koordinaten F_i, M_k der Vektoren verwendet.

■ Diese Koordinaten F_i und M_k können positive oder negative Werte haben.

1.1.2 Zentrale Kräftesysteme

> Schneiden sich die Wirkungslinien aller am System beteiligten Kräfte in einem Punkt, so liegt ein zentrales Kräftesystem vor.

Resultierende Kraft $\vec{F}_R$

$$\vec{F}_R = F_{Rx}\,\vec{e}_x + F_{Ry}\,\vec{e}_y$$

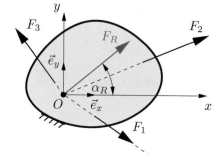

mit

$$F_{Rx} = \sum_{i=1}^{n} F_{ix}$$

$$F_{Ry} = \sum_{i=1}^{n} F_{iy}$$

Betrag und Richtung von $\vec{F}_R$

$$F_R = \sqrt{F_{Rx}^2 + F_{Ry}^2}\,, \qquad \tan\alpha_R = \frac{F_{Ry}}{F_{Rx}}$$

Gleichgewichtsbedingungen für n Kräfte

$$\sum_{i=1}^{n} F_{ix} = 0, \qquad \sum_{i=1}^{n} F_{iy} = 0 \tag{1.1}$$

Beachte:

■ Kräfte werden positiv gezählt, wenn der Kraftpfeil in positive Koordinatenrichtung zeigt.

Tipp:

◆ Kräfte können entlang ihrer Wirkungslinie verschoben werden, ohne dass sich deren Wirkung ändert. Diese Aussage beruht auf der Annahme, dass die Körper starre Körper sind.

1.1.3 Allgemeine Kraftsysteme und Momente

▌ Schneiden sich die Wirkungslinien aller am System beteiligten Kräfte
nicht in einem Punkt, so liegt ein allgemeines Kraftsystem vor.

Resultierende Kraft $\vec{F}_R$

$$\vec{F}_R = F_{Rx}\,\vec{e}_x + F_{Ry}\,\vec{e}_y$$

$$F_{Rx} = \sum_{i=1}^{n} F_{ix}, \quad F_{Ry} = \sum_{i=1}^{n} F_{iy}$$

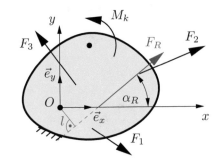

**Resultierendes Moment bzgl.
Punkt O**

$$\vec{M}_R = M_R\,\vec{e}_z$$

$$M_R = \sum_{i=1}^{n} M_i + \sum_{k=1}^{m} M_k$$

Betrag, Richtung und Lage von $\vec{F}_R$

$$F_R = \sqrt{F_{Rx}^2 + F_{Ry}^2}\,, \qquad \tan\alpha_R = \frac{F_{Ry}}{F_{Rx}}, \qquad y = \frac{F_{Ry}}{F_{Rx}}\,x - \frac{M_R}{F_{Rx}}$$

Gleichgewichtsbedingungen für n Kräfte und m Momente

$$\boxed{\sum_{i=1}^{n} F_{ix} = 0, \qquad \sum_{i=1}^{n} F_{iy} = 0, \qquad \sum_{i=1}^{n} M_i + \sum_{k=1}^{m} M_k = 0} \qquad (1.2)$$

Beachte:
- ■ Momente sind positiv, wenn ihre Wirkung entgegengesetzt dem Uhrzeigersinn gerichtet ist.

- ■ Der Bezugspunkt O kann beliebig gewählt werden.

Tipp:
- ◆ Es gilt immer $F_R\,l = M_G$. Damit lässt sich die Richtung von $\vec{F}_R$ bestimmen.

1.2 Schwerpunkte

1.2.1 Schwerpunkt eines Körpers

Der Schwerpunkt eines Körpers S ist ein Punkt auf der Wirkungslinie der Resultierenden aller Gewichtskräfte. Werden Wirkungslinien für verschiedene Lagen des Körpers ermittelt, ist deren Schnittpunkt der Schwerpunkt.

Lage von S allgemein

$$x_S = \frac{1}{m} \int_m x \, dm$$

$$y_S = \frac{1}{m} \int_m y \, dm$$

$$z_S = \frac{1}{m} \int_m z \, dm$$

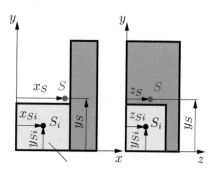

Teilkörper i mit Masse m_i

Lage von S bei bekannten Werten S_i für n Teilkörper

$$x_s = \frac{1}{m} \sum_{i=1}^{n} x_{Si}\, m_i \,,\; y_s = \frac{1}{m} \sum_{i=1}^{n} y_{Si}\, m_i \,,\; z_s = \frac{1}{m} \sum_{i=1}^{n} z_{Si}\, m_i \qquad (1.3)$$

Beachte:

■ Haben alle Teilkörper dieselbe Dichte, dann kann in Gl. (1.3) die Masse m durch das Volumen V ersetzt werden. Es wird dann vom Volumenmittelpunkt gesprochen.

Tipp:

◆ Die Berechnung der Gesamtmasse erfolgt mit $m = \int_m dm$ bzw. $m = \sum_{i=1}^{n} m_i$.

1.2.2 Schwerpunkt einer ebenen Fläche

Der Schwerpunkt einer ebenen Fläche S ist analog zum Schwerpunkt eines Körpers definiert.

Lage von S allgemein

$$x_S = \frac{1}{A} \int_A x \, dA$$

$$y_S = \frac{1}{A} \int_A y \, dA$$

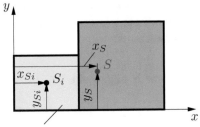

Teilfläche i mit Fläche A_i

Lage von S bei bekannten Werten S_i für n Teilflächen

$$x_s = \frac{1}{A} \sum_{i=1}^{n} x_{Si} A_i \, , \quad y_s = \frac{1}{A} \sum_{i=1}^{n} y_{Si} A_i \tag{1.4}$$

Tipp:

◆ Die Berechnung der Fläche erfolgt mittels $A = \int_A dA$ bzw. $A = \sum_{i=1}^{n} A_i$.

◆ Aussparungen (z. B. Bohrungen) werden durch negative Werte für A_i berücksichtigt.

◆ Für die Berechnung des Schwerpunktes gemäß Gl. (1.4) eignet sich folgende Tabelle:

i	A_i	x_{Si}	y_{Si}	$x_{Si}A_i$	$y_{Si}A_i$
1					
2					
⋮					
n					
	$\sum A_i = \ldots$			$\sum x_{Si}A_i = \ldots$	$\sum y_{Si}A_i = \ldots$

1.2.3 Schwerpunkte von speziellen Körpern und Flächen

Kegel

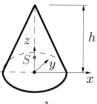

$$z_S = \frac{1}{4}h$$

Kugelabschnitt

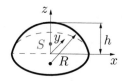

$$z_S = \left(\frac{4R - h}{3R - h}\right)\frac{h}{4}$$

Dreieck

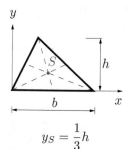

$$y_S = \frac{1}{3}h$$

Kreisabschnitt

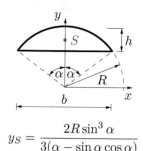

$$y_S = \frac{2R\sin^3\alpha}{3(\alpha - \sin\alpha\cos\alpha)}$$

Rechtwinkliges Dreieck

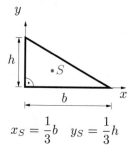

$$x_S = \frac{1}{3}b \quad y_S = \frac{1}{3}h$$

Viertelkreis

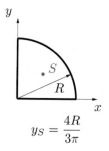

$$y_S = \frac{4R}{3\pi}$$

1.3 Ebene Tragwerke

1.3.1 Begriff und geometrische Einteilung

Ein ebenes Tragwerk umfasst einen geometrisch definierten, in einer Ebene liegenden Körper, die an diesem Körper angreifenden Lasten sowie die Lagerung des Körpers.

Linientragwerke
Eine Abmessung des Körpers ist deutlich größer als die beiden anderen.

Flächentragwerke
Eine Abmessung des Körpers ist deutlich kleiner als die beiden anderen.

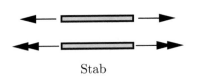

Stab

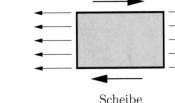

Scheibe

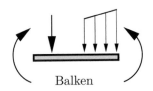

Balken

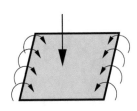

Platte

Beachte:

■ Stäbe werden entlang ihrer Längsachse belastet, Balken dagegen senkrecht zu ihrer Längsachse.

■ Scheiben werden durch Kräfte in ihrer Ebene belastet, Platten dagegen durch Kräfte senkrecht zur Ebene.

■ Das heißt, ein und dasselbe Bauteil kann in Abhängigkeit von der Belastung ein Stab oder ein Balken bzw. eine Scheibe oder eine Platte sein.

1.3.2 Lager und Lasten

Lager realisieren die Verbindung des Tragwerks mit der Umgebung. Reale Konstruktionen werden durch vereinfachende Modelle ersetzt.

Lagerarten und Lagerreaktionen

Pendelstütze	Loslager	Festlager	Einspannung
A	A	A	A
F_A	F_A	F_{AH} F_{AV}	F_{AH} M_A F_{AV}

Lasten sind Kräfte und Momente, die einzeln oder über eine Strecke auf das Tragwerk aufgebracht werden.

Einzellasten

Einzelkraft	Einzelmoment
F	M

Streckenlasten

Kraft pro Länge in Längsrichtung	Kraft pro Länge in Querrichtung	Moment pro Länge um die Längsachse
n	q	m

1.3.3 Ermittlung der Lagerreaktionen

> Die Bestimmung der Lagerreaktionen folgt immer dem Schema: Freischneiden → Freikörperbild zeichnen → Gleichgewichtsbedingungen formulieren → Gleichungssystem lösen.

Freischneiden
Der Körper wird durch einen gedachten Schnitt (grüne Linie) von seinen Lagern getrennt.

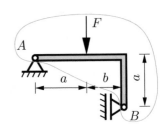

Freikörperbild zeichnen
Das Freikörperbild umfasst den Körper, die äußeren Belastungen und die Lagerreaktionen.

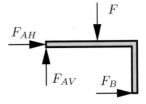

Gleichgewichtsbedingungen formulieren
Das Freikörperbild stellt ein allgemeines Kraftsystem dar. Dementsprechend können gemäß Gln. (1.2) drei Gleichgewichtsbedingungen formuliert werden.

$$\rightarrow: \quad F_{AH} + F_B = 0$$
$$\uparrow: \quad F_{AV} - F = 0$$
$$\overset{\frown}{A}: \quad F_B\, a - F\, a = 0$$

Gleichungssystem lösen
Die Gleichgewichtsbedingungen ergeben ein lineares Gleichungssystem, welches nach den unbekannten Lagerreaktionen aufgelöst werden kann.

$$F_B = \ldots$$
$$F_{AV} = \ldots$$
$$F_{AH} = \ldots$$

Tipp:
◆ Wird beim Formulieren des Momentengleichgewichts der Bezugspunkt so gewählt, dass möglichst viele Unbekannte durch diesen gehen, dann reduziert sich der Aufwand zum Lösen des Gleichungssystems.

1.3.4 Vorgehen bei Streckenlasten

Für die Berechnung von Lagerreaktionen kann eine vertikale Strecken-last durch eine äquivalente Einzelkraft ersetzt werden.

$$F_q = \int_l q(x)\,dx\,, \qquad x_S = \frac{1}{F_q} \int_l x\, q(x)\,dx \qquad (1.5)$$

Die zur Streckenlast $q(x)$ äquivalente Kraft F_q und die Schwerpunktsla-ge x_S der Fläche unter $q(x)$ werden durch Integration über die Länge l gemäß Gl. (1.5) bestimmt. Im Weiteren wird mit der bei $x = x_S$ an-greifenden Kraft F_q gerechnet.

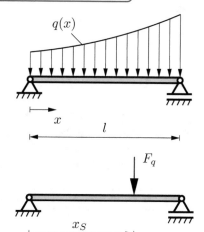

1.3.5 Statische Bestimmtheit

Ein Tragwerk ist statisch bestimmt, wenn sich die Lagerreaktionen aus den Gleichgewichtsbedingungen bestimmen lassen. Dazu muss die An-zahl der unbekannten Lagerreaktionen gleich der Anzahl der den Gleich-gewichtsbedingungen entsprechenden Gleichungen sein.
Besteht das Tragwerk aus einem einzigen Körper, dann können drei Gleichgewichtsbedingungen formuliert werden und es gilt bei statischer Bestimmtheit:

$$3 = r \qquad\qquad r\text{-Anzahl der Lagerreaktionen}$$

1.4 Mehrteilige ebene Tragwerke

Ein mehrteiliges, ebenes Tragwerk besteht aus mehreren Körpern, den an diesen Körpern angreifenden Lasten sowie den Lagerungen dieser Körper. Die Körper sind miteinander durch Gelenke verbunden.

Bei den Körpern kann es sich um Stäbe, Balken oder Scheiben handeln.

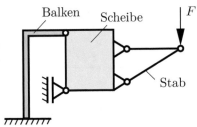

1.4.1 Gelenkreaktionen

Gelenke realisieren die Verbindung von Körpern miteinander. Sie reduzieren den Freiheitsgrad des Systems und übertragen dementsprechend Kräfte und/oder Momente. Den Zugang zu diesen Gelenkreaktionen liefert ein gedachter Schnitt durch das Gelenk.

Momentengelenk	Normalkraftgelenk	Querkraftgelenk
F_{GH} F_{GV} F_{GH} F_{GV}	M_B F_{GV} F_{GV} M_B	M_B F_{GH} F_{GH} M_B

Beachte:
- Das Momentengelenk lässt eine Verdrehung zu. Dementsprechend existiert kein Moment als Gelenkreaktion. Dieser Zusammenhang zwischen Gelenkfreiheitsgrad und Gelenkreaktionen existiert analog für jedes Gelenk.

1.4.2 Bestimmung der Lager- und Gelenkreaktionen

Analog zu Abschnitt 1.3.3 wird jeder Körper separat behandelt. Neben den Lagerreaktionen entstehen zusätzlich Gelenkreaktionen.

Freischneiden
Die Körper werden durch gedachte Schnitte (grüne Linien) von ihren Lagern und den verbindenden Gelenken getrennt.

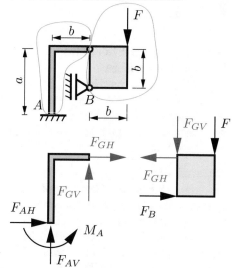

Freikörperbilder zeichnen
Das jeweilige Freikörperbild umfasst den Körper, die äußeren Belastungen, die Gelenkreaktionen und die Lagerreaktionen.

Gleichgewichtsbedingungen für jedes Freikörperbild formulieren

$\rightarrow: \quad F_{AH} + F_{GH} \qquad = 0 \qquad\qquad \rightarrow: \quad F_B - F_{GH} = 0$

$\uparrow: \quad F_{AV} + F_{GV} \qquad = 0 \qquad\qquad \uparrow: \quad -F_{GV} - F \quad = 0$

$\stackrel{\frown}{A}: \quad M_A + F_{GV}\, b - F_{GH}\, a = 0 \qquad\qquad \stackrel{\frown}{B}: \quad F_{GH}\, b - F\, b \quad = 0$

Gleichungssystem lösen

$$F_{AV} = \dots, \qquad F_{GV} = \dots, \qquad F_B = \dots$$
$$F_{AH} = \dots, \qquad F_{GH} = \dots, \qquad M_A = \dots$$

Tipp:
◆ Vor der Berechnung ist die statische Bestimmtheit zu prüfen. Es muss gelten:

$$3n = r + g \qquad \begin{array}{l} n\text{-Anzahl der Körper} \\ r\text{-Anzahl der Lagerreaktionen} \\ g\text{-Anzahl der Gelenkreaktionen} \end{array}$$

1.4.3 Fachwerke

Fachwerke bestehen aus Stäben, welche beidseitig gelenkig angeschlossen sind. Äußere Kräfte greifen nur in den Gelenken, auch Knoten genannt, an.

Bestimmung der Stabkräfte
Knotenpunktverfahren:
Jeden Knoten freischneiden → Stabkräfte als Zugkräfte eintragen → pro Knoten Gleichgewicht formulieren (jeweils 2 Gleichungen) → Gleichungssystem lösen

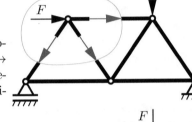

Ritterschnitt:
Lagerreaktionen am Gesamtsystem bestimmen → Teilsystem freischneiden, so dass genau drei Stäbe geschnitten werden → Gleichgewicht für das Teilsystem formulieren (3 Gleichungen) → Gleichungssystem lösen

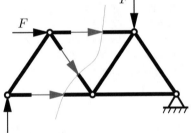

Tipp:

◆ Vor der Berechnung ist die statische Bestimmtheit zu prüfen. Es muss gelten:

$$2k = r + s$$

k-Anzahl der Knoten
r-Anzahl der Lagerreaktionen
s-Anzahl der Stäbe

◆ Vor der Berechnung können unbelastete Stäbe, sogenannte Nullstäbe, mit folgenden drei Regeln aufgefunden werden.

unbelastete Ecke	belastete Ecke	Knoten mit 3 Stäben
Lage der Stäbe beliebig	Kraft in Richtung eines Stabes	Zwei Stäbe auf einer Linie
Nullstab	Nullstab	Nullstab

1.5 Schnittreaktionen des Balkens

▎ Schnittreaktionen sind Kräfte und Momente innerhalb des Balkens, welche die äußeren Lasten zu den Lagern übertragen.

1.5.1 Definition

Der Balken wird an einer beliebigen, durch die Koordinate x beschriebenen, Stelle in Teilsysteme geschnitten. An dieser Stelle werden die Schnittreaktionen

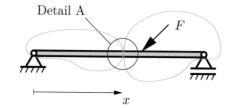

Detail A

- F_L-Längskraft,

- F_Q-Querkraft und

- M_B-Biegemoment

eingeführt.

Vorzeichenregel
Am positiven Schnittufer, hier linke Seite, werden die Schnittreaktionen in positiver Koordinatenrichtung eingetragen.

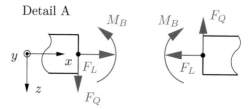

Detail A

Beachte:

■ Zuerst wird immer das Koordinatensystem festgelegt. Danach werden, entsprechend obiger Regel, die Schnittreaktionen am positiven Schnittufer eingetragen. Abschließend werden am gegenüberliegenden Schnittufer die Schnittreaktionen mit entgegengesetzter Orientierung eingetragen.

■ Das positive Schnittufer ist über das eingeführte Koordinatensystem und den Normalenvektor festgelegt. Der Normalenvektor ist der Vektor, der senkrecht auf der Schnittfläche steht und in dieselbe Richtung wie die Koordinate x zeigt.

1.5.2 Bereichseinteilung

Grenzen für die Bereiche ⓘ sind:

- Lasteinleitungen,

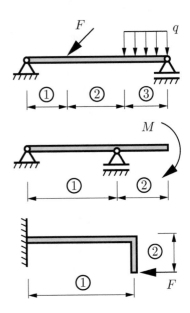

- Lagerungen,

- Winkel und Verzweigungen.

Festlegung von Koordinatensystemen

Für jeden Bereich ⓘ wird eine Koordinate x_i eingeführt. Diese lokalen Koordinaten x_i werden bei der Berechnung der Schnittgrößen mittels Gleichgewichtsbedingungen benutzt. Zusätzlich wird ein globales x, z-Koordinatensystem eingeführt.

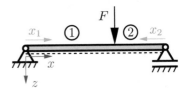

Die gemäß der eingeführten Vorzeichenregel einzutragenden Schnittgrößen orientieren sich am globalen Koordinatensystem. Positive Werte der Schnittgrößen werden in positive z-Richtung entlang der Balkenachse, gekennzeichnet durch die gestrichelte Linie, eingetragen.

Tipp:

◆ Die Koordinaten x_i sind bezogen auf den Balken möglichst von außen nach innen einzuführen. Das reduziert den Rechenaufwand.

1.5.3 Bestimmung der Schnittreaktionen

Bereiche einteilen und Koordinatensysteme einführen

Teilsysteme freischneiden und Schnittreaktionen eintragen

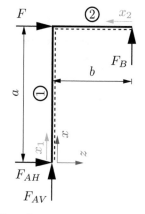
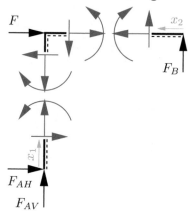

Beachte:

- Die eingetragenen Schnittreaktionen orientieren sich am entlang der Balkenachse mitgeführten x, z-Koordinatensystem.

- Bei Winkeln und Verzweigungen wird das globale Koordinatensystem entlang der Balkenachse mitgeführt. Die gestrichelte Linie zeigt dabei die positive z-Richtung in jedem Bereich an.

Gleichgewichtsbedingungen für Teilsysteme formulieren und Auflösen nach F_L, F_Q und M_B

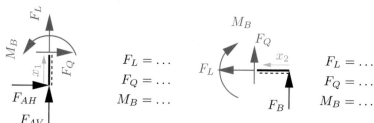

$$F_L = \dots$$
$$F_Q = \dots$$
$$M_B = \dots$$

$$F_L = \dots$$
$$F_Q = \dots$$
$$M_B = \dots$$

Beachte:

- Für das Aufstellen der Gleichgewichtsbedingungen werden die Koordinaten x_i genutzt.

1.5.4 Grafische Darstellung der Schnittgrößen

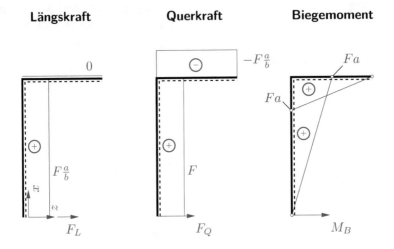

Beachte:

■ Die Schnittreaktionen werden entlang der Balkenachse aufgetragen.

■ Zum Auftragen der Schnittreaktionen wird das mitgeführte x, z-Koordinatensystem genutzt. Positive Werte für F_L, F_Q und M_B werden in positiver z-Richtung, gekennzeichnet durch die gestrichelte Linie, aufgetragen.

1.5.5 Zusammenhang zwischen q, F_Q und M_B

Das Kräftegleichgewicht in vertikaler Richtung und das Momentengleichgewicht am infinitesimalen Balkenelement liefern:

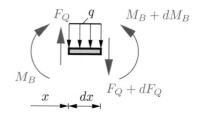

$$\frac{dF_Q}{dx} = -q, \qquad \frac{dM_B}{dx} = F_Q \qquad . \qquad (1.6)$$

Beachte:

■ Das Moment hat an der Stelle einen lokalen Extremwert, wo die Querkraft eine Nullstelle aufweist.

Tipp:

◆ Die Stelle x, wo das Moment M_B einen lokalen Extremwert hat, wird berechnet, indem die Querkraft F_Q gleich Null gesetzt wird.

◆ Die Gln. (1.6) können genutzt werden, um durch Integration von q zu $F_Q(x)$ und von F_Q zu $M_B(x)$ zu gelangen. Es gilt

$$F_Q = \int -q(x)\, dx + C_1 \ , \qquad M_B = \int F_Q(x)\, dx + C_2 \qquad .$$

◆ Die Konstanten C_1 und C_2 werden aus den Randbedingungen bestimmt. Diesbezüglich liefert die nachfolgende Tabelle zwei typische Beispiele.

Lagerart	Randbedingungen	
	$M_B = 0$	$F_Q \neq 0$
	$M_B \neq 0$	$F_Q \neq 0$

1.6 Reibung

1.6.1 Lagerreaktionen infolge Reibung

Sind zwei Körper in Kontakt und wirkt in der Kontaktfläche eine Kraft, so geschieht dies infolge Reibung. Sind die Körper dabei in Ruhe, so wird von Haften gesprochen. Existiert eine Relativbewegung, so wird von Gleiten gesprochen.

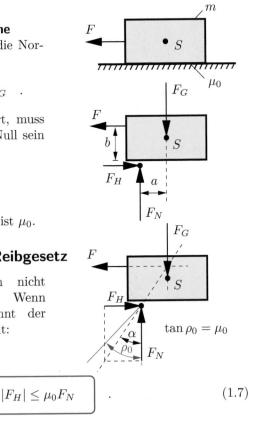

Klotz auf horizontaler Ebene
Für die Haftkraft F_H und die Normalkraft F_N gilt:

$$F_H = F \quad \text{und} \quad F_N = F_G \quad .$$

Da der Körper nicht rotiert, muss das resultierende Moment Null sein und es gilt

$$a = \frac{F}{F_G} b \quad .$$

Der Haftreibungskoeffizient ist μ_0.

1.6.2 Coulombsches Reibgesetz

Die Haftkraft F_H kann nicht beliebig groß werden. Wenn $F_H = \mu_0 F_N$ ist, beginnt der Körper zu gleiten. Daher gilt:

$$\boxed{|F_H| \leq \mu_0 F_N} \qquad . \qquad (1.7)$$

Beachte:

■ Solange die Wirkungslinie der Resultierenden von F_H und F_N innerhalb des durch ρ_0 beschriebenen Bereiches, im mehrdimensionalen auch Reibkegel genannt, liegt, haften die Körper.

1.6.3 Spezialfälle

Klotz auf schiefer Ebene
Das Kräftegleichgewicht am Klotz
liefert:

$$F_H = \tan\alpha\, F_N \; .$$

Mit $\tan\rho_0 = \mu_0$ können zwei Fälle
unterschieden werden:

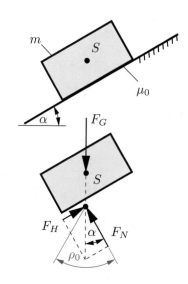

$\alpha < \rho_0$	Klotz haftet,
$\alpha \geq \rho_0$	Klotz gleitet.

Reibung am Keil
Das Kräftegleichgewicht am masse-
losen Keil liefert:

$$F_H = \tan\alpha\, F_N \; .$$

Mit $\tan\rho_0 = \mu_0$ können zwei Fälle
unterschieden werden:

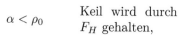

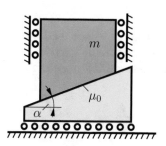

$\alpha < \rho_0$	Keil wird durch F_H gehalten,
$\alpha \geq \rho_0$	Keil gleitet nach rechts heraus.

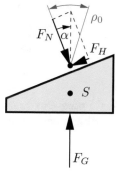

Reibung am Seil

Solange $F_{S2} < e^{\mu_0 \alpha}\, F_{S1}$ ist, haftet das Seil auf dem feststehenden, kreisförmigen Körper.

Ist $F_{S2} > F_{S1}$, dann setzt Gleiten ein, wenn

$$F_{S2} = e^{\mu_0 \alpha}\, F_{S1}\,.$$

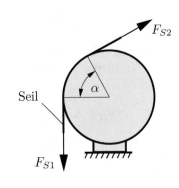

Beachte:

■ Der Winkel α ist in Bogenmaß einzusetzen.

Schlitten auf Führung

Das mechanische Klemmen eines Schlittens in einer Führung wird auch als Schubladeneffekt bezeichnet.

Bei dem nebenstehend dargestellten System können zwei Fälle unterschieden werden:

$$a \geq \frac{h}{2\mu_0} \qquad \text{Schlitten klemmt,}$$

$$a < \frac{h}{2\mu_0} \qquad \text{Schlitten gleitet.}$$

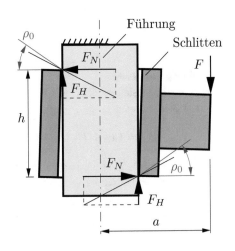

Beachte:

■ Das Verkanten des Schlittens kann beim Aufstellen der Gleichgewichtsbedingungen vernachlässigt werden.

1.7 Raumstatik

Kräfte und Momente können beliebig im Raum orientiert sein. Ihre Koordinaten sind durch den Bezug auf ein einzuführendes, kartesisches Koordinatensystem festgelegt.

1.7.1 Vektorielle Darstellung von Kräften und Momenten

Kraft im Raum

$$\vec{F}_i = F_{ix} \, \vec{e}_x + F_{iy} \, \vec{e}_y + F_{iz} \, \vec{e}_z$$

Moment im Raum

$$\vec{M}_k = M_{kx} \, \vec{e}_x + M_{ky} \, \vec{e}_y + M_{kz} \, \vec{e}_z$$

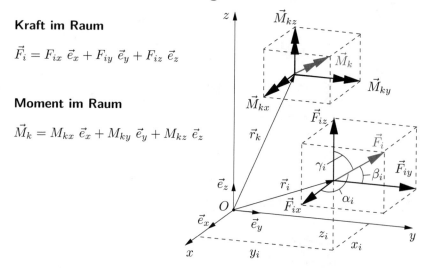

Koordinaten der Kraft $\vec{F}_i$ bezüglich der x, y, z-Achsen

$$F_{ix} = F_i \cos \alpha_i \, , \qquad F_{iy} = F_i \cos \beta_i \, , \qquad F_{iz} = F_i \cos \gamma_i$$

Moment der Kraft $\vec{F}_i$ bezüglich des Punktes O

$$\vec{M}_i = \vec{r}_i \times \vec{F}_i = M_{ix} \, \vec{e}_x + M_{iy} \, \vec{e}_y + M_{iz} \, \vec{e}_z$$

mit

$$M_{ix} = y_i \, F_{iz} - z_i \, F_{iy}$$
$$M_{iy} = z_i \, F_{ix} - x_i \, F_{iz}$$
$$M_{iz} = x_i \, F_{iy} - y_i \, F_{ix}$$

1.7.2 Allgemeine Kräftesysteme und Momente

Resultierende Kraft $\vec{F}_R$ und Gesamtmoment $\vec{M}_G$ bezüglich des Punktes O

$$\vec{F}_R = \sum_{i=1}^{n} \vec{F}_i \ , \quad \vec{M}_G = \sum_{i=1}^{n} \vec{r}_i \times \vec{F}_i + \sum_{k=1}^{m} \vec{M}_k$$

Gleichgewichtsbedingungen für n Kräfte und m Einzelmomente

Kräftegleichgewicht:

$$\sum_{i=1}^{n} F_{ix} = 0 \ , \quad \sum_{i=1}^{n} F_{iy} = 0 \ , \quad \sum_{i=1}^{n} F_{iz} = 0 \qquad (1.8)$$

Momentengleichgewicht:

$$\sum_{i=1}^{n} M_{ij} + \sum_{k=1}^{m} M_{kj} = 0 \quad \text{für } j = x, y, z \qquad (1.9)$$

1.7.3 Schnittreaktionen im Balken

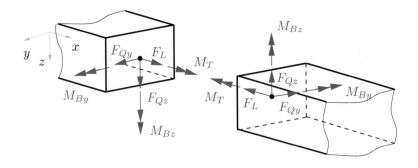

Beachte:

■ Es gilt die im Abschnitt 1.5.1 eingeführte Vorzeichenregel.

■ Das um die x-Achse drehende Moment M_T heißt Torsionsmoment.

2 Festigkeitslehre

2.1 Zug, Druck und Schub

Zug, Druck und Schub sind Beanspruchungen in einem Bauteil. Diese sind die Folge äußerer Belastung und können einzeln oder überlagert auftreten.

2.1.1 Verschiebung, Dehnung und Schubverzerrung

Ein rechteckiges Bauteil wird so verformt, dass sich die vertikalen Ränder gleichmäßig nach außen verschieben. Die horizontalen Ränder verschieben sich dann infolge Querkontraktion gleichmäßig nach innen. Die Verformung kann über die Verschiebung der auf dem Bauteil aufgebrachten Punkte B, C und M, N beschrieben werden.

Dehnung in Längs- und Querrichtung

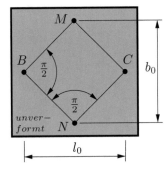

$$\varepsilon_l = \frac{l - l_0}{l_0}, \quad \varepsilon_q = \frac{b - b_0}{b_0}$$

$$(2.1)$$

Die Querkontraktionszahl ν ist definiert über

$$\nu = -\frac{\varepsilon_q}{\varepsilon_l} \qquad . \quad (2.2)$$

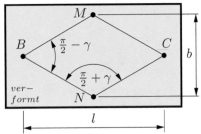

Schubverzerrung

Abweichung γ vom ursprünglich rechten Winkel

Beachte:

■ Dehnungen und Schubverzerrungen werden unter dem Begriff Verzerrungen zusammen gefasst.

■ Die Längsrichtung, Index l, ist durch die Wirkungslinie der am Bauteil angreifenden Kraft festgelegt.

2.1.2 Spannung

▌ Spannungen sind auf Flächen bezogene Schnittreaktionen.

Normalspannung

Die Normalspannung σ
ist definiert über

$$\sigma = \frac{F_N}{A} \qquad (2.3)$$

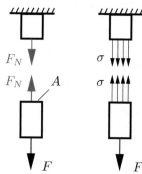

Dabei ist F_N die normal, d. h. senkrecht auf der Schnittfläche stehende Schnittkraft und A der Flächeninhalt der Schnittfläche.

Schubspannung

Die Schubspannung τ
ist definiert über

$$\tau = \frac{F_T}{A} \qquad (2.4)$$

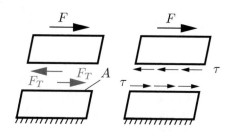

Dabei ist F_T die tangential, d. h. parallel zur Schnittfläche angreifende Schnittkraft und A der Flächeninhalt der Schnittfläche.

Beachte:

■ Normalspannungen können auch durch Biegemomente und Schubspannungen durch Torsionsmomente erzeugt werden.

■ Das Vorzeichen der Spannung folgt aus dem Vorzeichen der Schnittkraft. Demnach entspricht eine positive Normalspannung Zug und eine negative Normalspannung Druck.

2.1.3 Elastisches Materialverhalten

Für die Überprüfung des Material-
verhaltens eignet sich der Zugversuch nach DIN EN ISO 6892. Wird
dabei nach erfolgter Belastung ent-
lastet und sind die Kurven für beide
Lastschritte in einem σ-ε-Diagramm
deckungsgleich, so liegt elastisches
Materialverhalten vor. Ist der Zusammenhang linear, so liegt linear elastisches Matrialverhalten vor,
und es gilt mit dem Elastizitätsmodul E

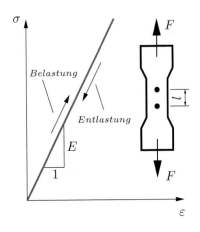

$$\boxed{\sigma = E\,\varepsilon} \qquad . \qquad (2.5)$$

Eine analoge Betrachtung liefert für den Schubversuch den linearen Zusammenhang zwischen der Schubspannung τ und der Schubverzerrung γ

$$\boxed{\tau = G\,\gamma} \qquad . \qquad (2.6)$$

Der Elastizitätsmodul E und der Schubmodul G sind Materialkenngrößen. Im Fall von linear elastischem Materialverhalten sind diese über
die Beziehung

$$E = 2G(1+\nu) \quad \text{bzw.} \quad G = \frac{E}{2(1+\nu)}$$

verknüpft.

Beachte:

■ Es wird von homogenem, d. h. an allen Orten gleichen, und isotropem,
d. h. in alle Richtungen gleichen, Materialverhalten ausgegangen.

■ Die Gln. (2.5) und (2.6) werden auch als Hookesches Gesetz bezeichnet.

2.2 Zug und Druck in Stäben

2.2.1 Grundlagen

Belastung und Verformung
Die Belastung eines Stabes erfolgt über die in Längsrichtung am Ende angreifende Kraft F und/oder über die Streckenlast $n(x)$.
Infolge der Belastung ändert sich die Länge l um Δl. Die Verformung an einer beliebigen Stelle x wird durch die Verschiebung $u(x)$ beschrieben. Es gilt die Annahme, dass u bezüglich z konstant ist.

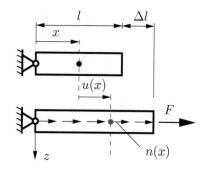

Verformung und Dehnung (Kinematik)
Bei homogener Verformung kann die Dehnung ε aus der Längenänderung Δl gemäß

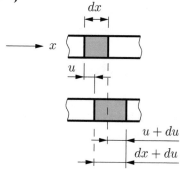

$$\varepsilon = \frac{\Delta l}{l}$$

bestimmt werden. Bei inhomogener Deformation erfolgt die Formulierung für das infinitesimale Stabelement der Länge dx. Die Dehnung $\varepsilon(x)$ folgt dann aus $u(x)$ gemäß

$$\varepsilon = u' \quad .$$

Beachte:

■ Eine homogene Verformung liegt vor, wenn die Dehnung ε im Stab an jeder Stelle gleich ist. Das ist z. B. der Fall bei einem Stab mit konstantem Querschnitt, der am Ende durch eine Kraft F belastet ist.

■ Die Annahme, dass u bezüglich z konstant ist, gilt nur in genügend großem Abstand von Lagern und Lasteinleitungsstellen.

Dehnung und Spannung (Stoffgesetz)
Aus der Dehnung ε kann bei linear
elastischem Materialverhalten über
das Stoffgesetz

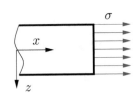

$$\sigma = E\,\varepsilon$$

die zugeordnete Normalspannung σ
bestimmt werden. Aufgrund der
Verformungsannahme, u ist be-
züglich z konstant, folgt ε ist bezüglich z konstant und damit auch
σ.

Spannung und Schnittgröße (Äquivalenz)
Die Längskraft F_L und die aus
der Normalspannung σ resultierende Kraft müssen mechanisch äquivalent sein. Daher gilt mit der Querschnittsfläche A:

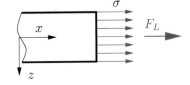

$$F_L = \sigma\,A \quad.$$

Schnittgröße und Belastung (Gleichgewichtsbedingung)
Das Gleichgewicht am infinitesima-
len Stabelement liefert

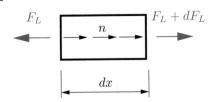

$$F_L' = -n \quad.$$

Beachte:
■ Am rechten Schnittufer ist die Längskraft um dF_L größer als am
linken. Dieser differentielle Zuwachs entspricht dem 1. Glied der Taylorreihe.

2.2.2 Spannungsberechnung

Die über den Querschnitt konstante Normalspannung σ wird aus der Längskraft F_L und der Querschnittsfläche A berechnet:

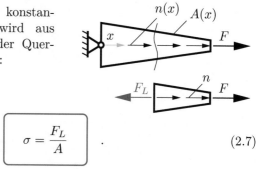

$$\boxed{\sigma = \frac{F_L}{A}} \qquad . \qquad (2.7)$$

Beachte:

- Im Falle von Druck ist σ negativ, da F_L negativ ist.

- Die Querschnittsfläche A sowie die Streckenlast n können Funktionen von x sein. Dementsprechend ist die Normalspannung σ dann auch eine Funktion von x.

2.2.3 Verformungsberechnung

Kinematik, Stoffgesetz und Äquivalenz liefern eine DGL 1. Ordnung zur Berechnung der Verschiebung $u(x)$ aus der Schnittgröße F_L. Die Hinzunahme des Gleichgewichts führt auf eine DGL 2. Ordnung für $u(x)$ auf Basis der Streckenlast $n(x)$.

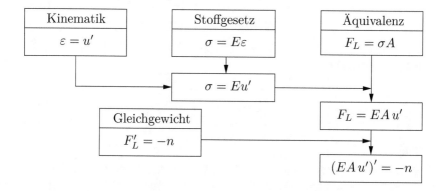

Berechnung von $u(x)$ aus der Schnittgröße

Ausgangspunkt ist die DGL 1. Ordnung

$$F_L = EAu'$$.   (2.8)

Dementsprechend gilt

$$u(x) = \int \frac{F_L}{EA} dx + C_1$$.   (2.9)

Für die Längenänderung Δl liefert Gl. (2.9) im Falle einer konstanten Längssteifigkeit EA

$$\Delta l = \frac{F_L}{EA} l$$.   (2.10)

Berechnung von $u(x)$ aus der Streckenlast

Ausgangspunkt ist die DGL 2. Ordnung

$$(EAu')' = -n$$.   (2.11)

Im Falle einer konstanten Längssteifigkeit EA kann die Klammer entfallen. Es gilt dann

$$EAu'' = -n$$.   (2.12)

Tipp:

◆ Die bei der Integration der DGL auftretenden Konstanten sind aus den Randbedingungen bezüglich der Verschiebung u und der Längskraft F_L zu bestimmen.

Randbedingungen zur Bestimmung von Integrationskonstanten

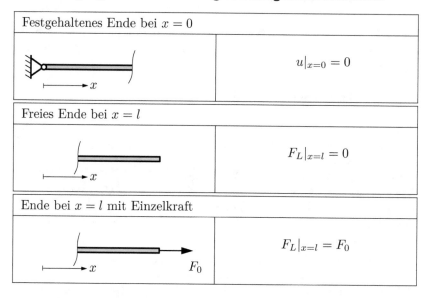

Festgehaltenes Ende bei $x = 0$	
	$u\|_{x=0} = 0$
Freies Ende bei $x = l$	
	$F_L\|_{x=l} = 0$
Ende bei $x = l$ mit Einzelkraft	
	$F_L\|_{x=l} = F_0$

Beachte:

■ Wird bei der Berechnung der Verformung $u(x)$ von $F_L = EAu'$ (Gl. 2.8) ausgegangen, dann wird nur eine Verformungsrandbedingungen, also eine Randbedingungen für u benötigt.

■ Wird bei der Berechnung der Verformung $u(x)$ von $(EAu')' = -n$ (Gl. 2.11) oder $EAu'' = -n$ (Gl. 2.12) ausgegangen, dann wird auch eine Randbedingung für die Schnittgröße, also eine Randbedingung für F_L, benötigt.

2.2.4 Temperatureinfluss

Festkörper dehnen sich bei Temperaturerhöhung im Allgemeinen aus. Wird ein Stab, der sich frei ausdehnen kann, erwärmt, entsteht dabei keine Spannung.

Längenänderung und Dehnung
Wirkt auf einen Stab eine mechanische Last F sowie eine thermische Last in Form einer Temperaturerhöhung ΔT, so ist die Längenänderung Δl des Stabes die Summe aus mechanischer Längenänderung Δl_{mech} und thermischer Längenänderung Δl_{th} .

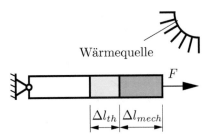

Wärmequelle

$$\Delta l = \Delta l_{mech} + \Delta l_{th} \quad \text{bzw.} \quad \varepsilon = \varepsilon_{mech} + \varepsilon_{th} \tag{2.13}$$

Für die thermische Dehnung ε_{th} wird die konstitutive Annahme

$$\varepsilon_{th} = \alpha_{th}\,\Delta T$$

getroffen. Dabei ist der thermische Ausdehnungskoeffizient α_{th} materialspezifisch.

Spannungsberechnung
Die Spannung σ folgt bei linear elastischem Materialverhalten aus der mechanischen Dehnung ε_{mech} gemäß:

$$\sigma = E\varepsilon_{mech} \qquad . \tag{2.14}$$

Verformungsberechnung
Wird die Verformung aus der Längskraft F_L berechnet, erfolgt dies mittels

$$u = \int \left(\frac{F_L}{EA} + \alpha_{th}\Delta T \right) dx + C_1 \quad .$$

Ist die Streckenlast $n(x)$ der Ausgangspunkt, gilt:

$$(EAu')' - (EA\alpha_{th}\Delta T)' = -n \quad .$$

2.2.5 Statisch unbestimmte Probleme

Zur Lösung statisch unbestimmter Probleme wird neben dem Kräfte-gleichgewicht noch eine kinematische Beziehung benötigt.

Reihenschaltung
Untersucht werden zwei Stäbe mit jeweils konstantem Kreisquerschnitt, welche konzentrisch verbunden sind. Es werden für diese Reihenschaltung zwei Fälle betrachtet:

- Die Stäbe sind an der Verbindungsstelle durch die Kraft F belastet.

Kinematische Beziehung:

$$\Delta l_1 + \Delta l_2 = 0$$

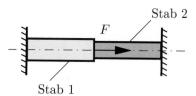

Kräftegleichgewicht:

$$F_{L1} - F_{L2} = F$$

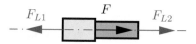

- Die Beanspruchung entsteht durch das Überwinden der Monta-geungenauigkeit δ. Die dazu notwendige äußere Kraft wird nach erfolgtem Einbau wieder entfernt.

Kinematische Beziehung:

$$\Delta l_1 + \Delta l_2 = \delta$$

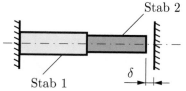

Kräftegleichgewicht:

$$F_{L1} - F_{L2} = 0$$

Parallelschaltung

Untersucht werden zwei Stäbe mit konstantem Querschnitt. Der Querschnitt von Stab 1 ist ein Kreis, der von Stab 2 ein Kreisring. Die Querschnitte sind konzentrisch angeordnet. Es werden für diese Parallelschaltung zwei Fälle betrachtet:

- Die Stäbe sind an ihren Enden durch eine starre Platte verbunden und dort durch die Kraft F belastet.

Kinematische Beziehung:

$$\Delta l_1 - \Delta l_2 = 0$$

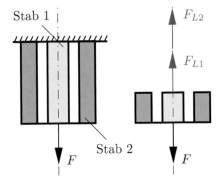

Kräftegleichgewicht:

$$F_{L1} + F_{L2} = F$$

- Die Beanspruchung entsteht durch das Überwinden der Montageungenauigkeit δ. Die dazu notwendige äußere Kraft an Stab 1 wird nach erfolgtem Einbau wieder entfernt.

Kinematische Beziehung:

$$\Delta l_1 - \Delta l_2 = \delta$$

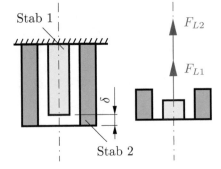

Kräftegleichgewicht:

$$F_{L1} + F_{L2} = 0$$

Beachte:

■ Das negative Vorzeichen bei der kinematischen Beziehung kommt vor die Längenänderung des Stabes, welcher nach der Montage verkürzt ist.

2.3 Torsion von kreiszylindrischen Stäben

2.3.1 Grundlagen

Belastung und Verformung
Die Belastung des Stabes erfolgt über das in Längsrichtung am Ende angreifende Moment M und/oder über die Streckenlast $m(x)$.
Infolge der Belastung verdreht sich der Stab um den Winkel ϑ. Die Verdrehung an einer beliebigen Stelle x wird durch die Verdrehung $\vartheta(x)$ beschrieben. Es gilt die Annahme, dass vor der Verformung aufgebrachte Geraden (schwarz) auch im verformten Zustand noch Geraden sind (rot).

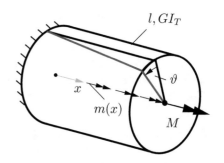

Verformung und Schubverzerrung (Kinematik)
Die Schubverzerrung γ kann aus der Verdrehung $\vartheta(x)$ gemäß

$$\gamma = r\,\vartheta'$$

bestimmt werden. Diese Beziehung folgt aus einer geometrischen Überlegung am infinitesimalen Stabelement dx basierend auf der getroffenen Verformungsannahme.

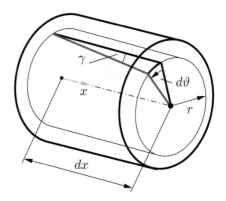

Beachte:
- ■ Die Schubverzerrung γ ist eine Funktion von r.
- ■ Die Verdrehung ϑ ist eine Funktion von x.

Schubverzerrung und Spannung (Stoffgesetz)

Aus der Schubverzerrung γ kann bei linear elastischem Materialverhalten über das Stoffgesetz

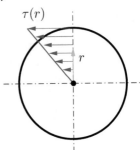

$$\tau = G\,\gamma$$

die zugeordnete Schubspannung τ bestimmt werden. Aufgrund der Verformungsannahme, vor der Verformung aufgebrachte Geraden sind auch im verformten Zustand noch Geraden, ist τ eine lineare Funktion von r.

Spannung und Schnittgröße (Äquivalenz)

Das Torsionsmoment M_T und das aus der Schubspannung τ resultierende Moment müssen mechanisch äquivalent sein. Daher gilt:

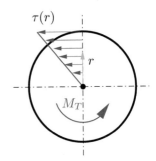

$$M_T = \int_A r\,\tau\,dA \quad .$$

Schnittgröße und Belastung (Gleichgewichtsbedingung)

Das Gleichgewicht am infinitesimalen Stabelement liefert

$$M_T' = -m \quad .$$

M_T ⟶ ⟵ ⟵ | m ⟶ ⟶ ⟶ | ⟶ $M_T + dM_T$

dx

Beachte:

■ Am rechten Schnittufer ist das Torsionsmoment um dM_T größer als am linken. Dieser differentielle Zuwachs entspricht dem 1. Glied der Taylorreihe.

2.3.2 Spannungsberechnung

Die von r linear abhängige Schubspannung τ wird aus dem Torsionsmoment M_T und dem Flächenmoment I_T berechnet:

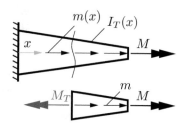

$$\tau(r) = \frac{M_T}{I_T} r$$ (2.15)

Beachte:

■ Die Orientierung von M_T folgt der im Rahmen der Statik eingeführten Regel für die Schnittreaktionen im Balken (siehe Abschnitt 1.7.3).

■ Das Flächenmoment I_T sowie die Streckenlast m können Funktionen von x sein. Dementsprechend ist der von r abhängige Schubspannungsverlauf τ dann auch eine Funktion von x.

2.3.3 Verformungsberechnung

Kinematik, Stoffgesetz und Äquivalenz liefern eine DGL 1. Ordnung zur Berechnung von $\vartheta(x)$ aus der Schnittgröße M_T. Die Hinzunahme des Gleichgewichts führt auf eine DGL 2. Ordnung für $\vartheta(x)$ auf Basis der Streckenlast $m(x)$.

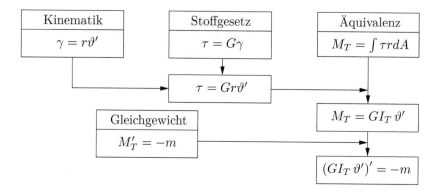

Berechnung von $\vartheta(x)$ aus der Schnittgröße

Ausgangspunkt ist die DGL 1. Ordnung

$$M_T = GI_T \vartheta'$$
  .   (2.16)

Dementsprechend gilt

$$\vartheta(x) = \int \frac{M_T}{GI_T} dx + C_1$$
  .   (2.17)

Für die Gesamtverdrehung $\vartheta_l = \vartheta(x = l)$ liefert Gl. (2.17) im Falle einer konstanten Torsionssteifigkeit GI_T

$$\vartheta_l = \frac{M_T}{GI_T} l$$
  .   (2.18)

Berechnung von $\vartheta(x)$ aus der Streckenlast

Ausgangspunkt ist die DGL 2. Ordnung

$$\left(GI_T \vartheta'\right)' = -m$$
  .   (2.19)

Im Falle einer konstanten Torsionssteifigkeit GI_T kann die Klammer entfallen. Es gilt dann

$$GI_T \vartheta'' = -m$$
  .   (2.20)

Tipp:

◆ Die bei der Integration der DGL auftretenden Konstanten sind aus den Randbedingungen bezüglich der Verdrehung ϑ und dem Torsionsmoment M_T zu bestimmen.

Randbedingungen zur Bestimmung von Integrationskonstanten

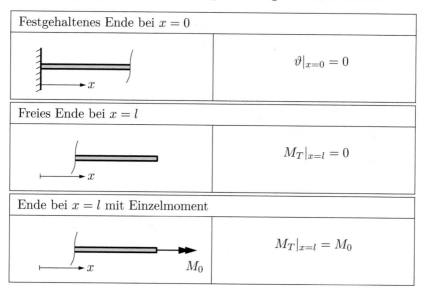

Festgehaltenes Ende bei $x = 0$	
	$\vartheta\vert_{x=0} = 0$
Freies Ende bei $x = l$	
	$M_T\vert_{x=l} = 0$
Ende bei $x = l$ mit Einzelmoment	
	$M_T\vert_{x=l} = M_0$

Beachte:

■ Wird bei der Berechnung der Verdrehung $\vartheta(x)$ von $M_T = GI_T\vartheta'$ (Gl. 2.16) ausgegangen, dann wird nur eine Verformungsrandbedingungen, also eine Randbedingungen für ϑ benötigt.

■ Wird bei der Berechnung der Verdrehung $\vartheta(x)$ von $(GI_T\vartheta')' = -m$ (Gl. 2.19) oder $GI_T\vartheta'' = -m$ (Gl. 2.20) ausgegangen, dann wird auch eine Randbedingung für die Schnittgröße, also eine Randbedingung für M_T, benötigt.

2.3.4 Statisch unbestimmte Probleme

Zur Lösung statisch unbestimmter Probleme wird neben dem Momentengleichgewicht noch eine kinematische Beziehung benötigt.

Reihenschaltung
Untersucht werden zwei Stäbe mit jeweils konstantem Kreisquerschnitt, welche konzentrisch verbunden sind. Es werden für diese Reihenschaltung zwei Fälle betrachtet:

- Die Stäbe sind an der Verbindungsstelle durch das Moment M belastet.

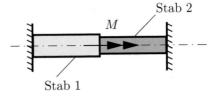

Kinematische Beziehung:

$$\vartheta_1 + \vartheta_2 = 0$$

Momentengleichgewicht:

$$M_{T1} - M_{T2} = M$$

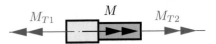

- Die Beanspruchung entsteht durch das Überwinden der Montageungenauigkeit Θ. Das dazu notwendige Moment wird nach erfolgtem Einbau wieder entfernt.

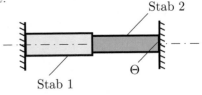

Kinematische Beziehung:

$$\vartheta_1 + \vartheta_2 = \Theta$$

Momentengleichgewicht:

$$M_{T1} - M_{T2} = 0$$

Parallelschaltung

Untersucht werden zwei Stäbe mit konstantem Querschnitt. Der Querschnitt von Stab 1 ist ein Kreis, der von Stab 2 ein Kreisring. Die Querschnitte sind konzentrsich angeordnet. Es werden für die Parallelschaltung zwei Fälle betrachtet:

- Die Stäbe sind an ihren Enden durch eine starre Platte verbunden und dort durch das Moment M belastet.

Kinematische Beziehung:

$$\vartheta_1 - \vartheta_2 = 0$$

Momentengleichgewicht:

$$M_{T1} + M_{T2} = M$$

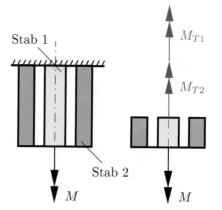

- Die Beanspruchung entsteht durch das Überwinden der Montageungenauigkeit Θ. Das dazu notwendige Moment wird nach erfolgtem Einbau wieder entfernt.

Kinematische Beziehung:

$$\vartheta_1 - \vartheta_2 = \Theta$$

Momentengleichgewicht:

$$M_{T1} + M_{T2} = 0$$

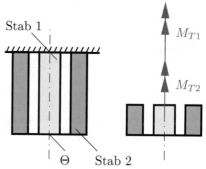

2.3.5 Berechnung des Flächenmoments I_T

Das Flächenmoment I_T ist eine geometrische Größe, die den Querschnitt bezüglich Torsion charakterisiert.

Es gilt:

$$I_T = \int_A r^2 \, dA$$. (2.21)

Flächenmomente von speziellen Querschnitten

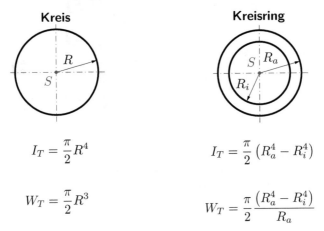

Kreis

$$I_T = \frac{\pi}{2} R^4$$

$$W_T = \frac{\pi}{2} R^3$$

Kreisring

$$I_T = \frac{\pi}{2} \left(R_a^4 - R_i^4 \right)$$

$$W_T = \frac{\pi}{2} \frac{\left(R_a^4 - R_i^4 \right)}{R_a}$$

Beachte:
■ Das Widerstandsmoment W_T ist mit

$$W_T = \frac{I_T}{R}$$

eingeführt. Es wird zur unmittelbaren Berechung der maximalen Schubspannung τ_{max} gemäß

$$\tau_{max} = \frac{M_T}{W_T}$$

benutzt.

2.4 Biegung

2.4.1 Grundlagen

Belastung und Verformung

Die Belastung des Balkens erfolgt durch quer zur Längsrichtung angreifende Streckenlasten $q(x)$ und gegebenenfalls Kräfte. Ist der Querschnitt symmetrisch und liegt die Belastung auf der Symmetrielinie bzw. Symmetrieebene, so liegt gerade Biegung vor. Die Verformung an einer beliebigen Stelle x wird durch die Durchbiegung $w(x)$ beschrieben.

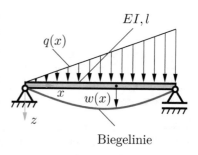

Biegelinie

Es gilt die Annahme, dass Querschnitte, die vor der Belastung eben und senkrecht zur Balkenlängsachse waren, auch im verformten Zustand eben und senkrecht zur Balkenlängsachse sind (Bernoullihypothese).

Verformung und Dehnung (Kinematik)

Die Dehnung ε an der durch P gekennzeichneten Stelle kann aus der Durchbiegung w gemäß

$$\varepsilon = -zw''$$

bestimmt werden, da aufgrund der Bernoullihypothese gilt:

$$w' = -\varphi \quad \text{und} \quad u = \varphi z \ .$$

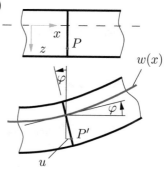

Beachte:

■ Die Dehnung ε ist eine lineare Funktion von z.

■ Bei Zug, Druck und Torsion wird die jeweilige Verzerrung durch die erste Ableitung der jeweiligen Verformung bestimmt. Bei Biegung ist es die zweite Ableitung der Durchbiegung w, die zur Verzerrung ε führt.

Dehnung und Spannung (Stoffgesetz)

Aus der Dehnung ε kann bei linear
elastischem Materialverhalten über
das Stoffgesetz

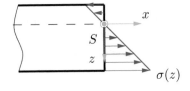

$$\sigma = E\,\varepsilon$$

die zugeordnete Normalspannung σ
bestimmt werden. Aufgrund der
Verformungsannahme, Querschnitte bleiben eben und senkrecht zur Balkenlängsachse, ist die Normalspannung σ eine lineare Funktion von z.

Spannung und Schnittgröße (Äquivalenz)

Aus der zur Biegung gehörenden Normalspannung σ darf keine Längskraft resultieren und das
Biegemoment M_B muss mechanisch
äquivalent zu dem aus σ resultierenden Moment sein. Daher gilt:

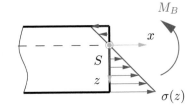

$$0 = \int_A \sigma\,dA \quad \text{und} \quad M_B = \int_A \sigma z\,dA \quad .$$

Beachte:

■ Die z-Koordinate beginnt im Schwerpunkt S der Fläche, und es gilt
$\sigma(z = 0) = 0$.

Schnittgröße und Belastung (Gleichgewichtsbedingung)

Das Gleichgewicht am infinitesimalen Balkenelement liefert

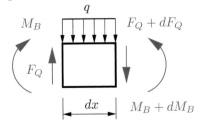

$$M_B'' = -q \quad .$$

Beachte:

■ Am rechten Schnittufer ist die Querkraft um dF_Q und das Biegemoment um dM_B größer als am linken. Diese differentiellen Zuwächse
entsprechen jeweils dem 1. Glied der Taylorreihe.

2.4.2 Spannungsberechnung

Die von z linear abhängige Normalspannung σ wird aus dem Biegemoment M_B und dem Flächenmoment
I_{yy} berechnet:

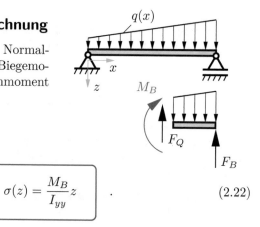

$$\sigma(z) = \frac{M_B}{I_{yy}} z$$

(2.22)

Beachte:

■ Die Orientierung von M_B folgt der im Rahmen der Statik eingeführten
Regel für die Schnittgrößen (siehe Abschnitt 1.5.1). Positive Werte für
σ entsprechen Zug und negative Werte Druck.

2.4.3 Verformungsberechnung

Kinematik, Stoffgesetz und Äquivalenz liefern eine DGL 2. Ordnung zur
Berechnung von $w(x)$ aus der Schnittgröße M_B. Die Hinzunahme des
Gleichgewichts führt auf eine DGL 4. Ordnung für $w(x)$ auf Basis der
Streckenlast $q(x)$.

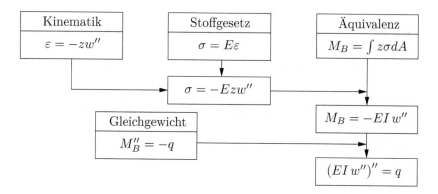

Berechnung von $w(x)$ aus der Schnittgröße

Ausgangspunkt ist die DGL 2. Ordnung

$$EIw'' = -M_B$$.   (2.23)

Die Durchbiegung $w(x)$ wird bei bekanntem Biegemoment M_B durch zweimalige unbestimmte Integration von Gl. (2.23) ermittelt. Die dabei anfallenden Konstanten C_1 und C_2 werden aus Randbedingungen für w bzw. w' bestimmt.

Berechnung von $w(x)$ aus der Streckenlast $q(x)$

Ausgangspunkt ist die DGL 4. Ordnung

$$(EIw'')'' = q$$.   (2.24)

Im Falle einer konstanten Biegesteifigkeit EI kann die Klammer entfallen. Es gilt dann

$$EIw'''' = q$$.   (2.25)

Zur Bestimmung der anfallenden Integrationskonstanten müssen neben den Randbedingungen für w und w' noch Randbedingungen für F_Q bzw. M_B berücksichtigt werden.

Beachte:

■ Im Rahmen der hier dargestellten geraden Biegung wird vereinfachend oft I statt I_{yy} geschrieben.

Tipp:

◆ Bei konstanter Biegesteifigkeit EI wird diese bei der Integration von Gl. (2.23) bzw. Gl. (2.25) auf der linken Seite stehen gelassen. Das spart Schreibarbeit.

Randbedingungen zur Bestimmung von Integrationskonstanten

Gelenkig gelagertes Ende bei $x = 0$	
	$w\|_{x=0} = 0$ $M_B\|_{x=0} = 0$
Eingespanntes Ende bei $x = 0$	
	$w\|_{x=0} = 0$ $w'\|_{x=0} = 0$
Freies Ende bei $x = l$	
	$F_Q\|_{x=l} = 0$ $M_B\|_{x=l} = 0$
Ende bei $x = l$ mit Einzelkraft und/oder Moment	
	$F_Q\|_{x=l} = F_0$ $M_B\|_{x=l} = M_0$

Beachte:

■ Wird bei der Berechnung der Biegelinie von $EIw'' = -M_B$ (Gl. 2.23) ausgegangen, dann werden nur Verformungsrandbedingungen, also Randbedingungen für w und w', benötigt.

■ Wird bei der Berechnung der Biegelinie von $(EIw'')'' = q$ (Gl. 2.24) oder $EIw'''' = q$ (Gl. 2.25) ausgegangen, dann werden auch Randbedingungen für die Schnittgrößen, also Randbedingungen für F_Q und/oder M_B, benötigt.

2.4.4 Berechnung der Flächenmomente

Die Flächenmomente I_{yy}, I_{zz} und I_{yz} sind geometrische Größen, die den Querschnitt bezüglich Biegung charakterisieren.

Definition

$$I_{yy} = \int_A z^2 \, dA$$

$$I_{zz} = \int_A y^2 \, dA$$

$$I_{yz} = -\int_A yz \, dA$$

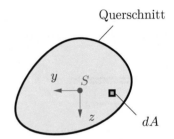

Querschnitt

dA

Satz von Steiner

Mit dem Satz von Steiner können die auf den Schwerpunkt einer Teilfläche bezogenen Flächenmomente auf ein beliebiges, achsenparalleles Koordinatensystem transformiert werden.

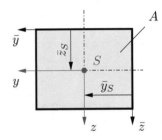

$$
\boxed{
\begin{aligned}
I_{\bar{y}\bar{y}} &= I_{yy} + \bar{z}_S^2 A \\
I_{\bar{z}\bar{z}} &= I_{zz} + \bar{y}_S^2 A \\
I_{\bar{y}\bar{z}} &= I_{yz} - \bar{y}_S \bar{z}_S A
\end{aligned}
}
\tag{2.26}
$$

Beachte:
■ Die vorzeichenbehafteten Koordinaten $\bar{y}_S$ und $\bar{z}_S$ beschreiben die Lage des Schwerpunktes S im $\bar{y}$, $\bar{z}$ System.

Vorgehen bei mehreren, bezüglich I_{kl} bekannten Teilflächen

$$I_{\bar{y}\bar{y}} = \sum_{i=1}^{n} \left(I_{yy,i} + \bar{z}_{Si}^2 A_i \right)$$

$$I_{\bar{z}\bar{z}} = \sum_{i=1}^{n} \left(I_{zz,i} + \bar{y}_{Si}^2 A_i \right)$$

$$I_{\bar{y}\bar{z}} = \sum_{i=1}^{n} \left(I_{yz,i} - \bar{y}_{Si} \bar{z}_{Si} A_i \right)$$

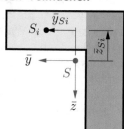

Tipp:

◆ Für die Berechnung der $I_{\bar{y}\bar{y}}, I_{\bar{z}\bar{z}}, I_{\bar{y}\bar{z}}$ eignet sich folgende Tabelle.

i	$I_{yy,i}$	$\bar{z}_{S,i}$		A_i	$I_{\bar{y}\bar{y},i} = I_{yy,i} + \bar{z}_{S,i}^2 A_i$
1					
2					
$\vdots$					
n					
					$I_{\bar{y}\bar{y}} = \sum I_{\bar{y}\bar{y},i} = \ldots$

i	$I_{zz,i}$	$\bar{y}_{S,i}$	A_i	$I_{\bar{z}\bar{z},i} = I_{zz,i} + \bar{y}_{S,i}^2 A_i$
1				
2				
$\vdots$				
n				
				$I_{\bar{z}\bar{z}} = \sum I_{\bar{z}\bar{z},i} = \ldots$

i	$I_{yz,i}$	$\bar{z}_{S,i}$	$\bar{y}_{S,i}$	A_i	$I_{\bar{y}\bar{z},i} = I_{yz,i} - \bar{z}_{S,i}\bar{y}_{S,i} A_i$
1					
2					
$\vdots$					
n					
					$I_{\bar{y}\bar{z}} = \sum I_{\bar{y}\bar{z},i} = \ldots$

Beachte:

■ Das im Schwerpunkt des Gesamtquerschnitts liegende Koordinatensystem wird mit Querstrichen gekennzeichnet. Nach erfolgter Berechnung der Flächenmomente werden die Querstriche bei $\bar{y}, \bar{z}$ und $I_{\bar{y}\bar{y}}$, $I_{\bar{z}\bar{z}}, I_{\bar{y}\bar{z}}$ weggelassen.

Hauptflächenmomente und Hauptachsen

Flächenmomente um die y, z-Achsen können mit dem Winkel φ in ein entsprechend gedrehtes u, v-System transformiert werden. Wird φ so gewählt, dass $I_{uv} = 0$ ist, dann sind $I_{uu} = I_1$ und $I_{vv} = I_2$ die Hauptflächenmomente. Es gilt dann $\varphi = \varphi_1^*$ und für die Bezeichnung der zugehörigen Hauptachsen $u = 1, v = 2$.

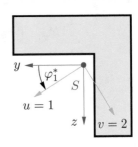

Berechnung der Hauptflächenmomente

$$I_{1,2} = \frac{I_{yy} + I_{zz}}{2} \pm \sqrt{\left(\frac{I_{yy} - I_{zz}}{2}\right)^2 + I_{yz}^2}\,, \qquad I_1 > I_2 \qquad (2.27)$$

Lage der Hauptachsen

$$\tan \varphi_1^* = \frac{I_{yz}}{I_{yy} - I_2} \qquad (2.28)$$

Beachte:

■ Das maximale Flächenmoment ist I_1 und das minimale Flächenmoment ist I_2.

■ Der Winkel φ_1^* beschreibt die Lage der zu I_1 gehörenden Hauptachse.

■ Wenn u, v Hauptachsen sind, dann gilt $I_{uv} = 0$.

■ Wenn u, v Hauptachsen sind, dann werden diese umbenannt und als $1, 2$-Achsen bezeichnet.

Flächenmomente von speziellen Querschnitten

Rechteck

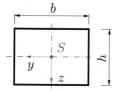

$$I_{yy} = \frac{bh^3}{12} \,, \quad I_{zz} = \frac{hb^3}{12}$$
$$I_{yz} = 0$$

rechtwinkliges Dreieck

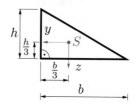

$$I_{yy} = \frac{bh^3}{36} \,, \quad I_{zz} = \frac{hb^3}{36}$$
$$I_{yz} = \frac{b^2 h^2}{72}$$

Kreis

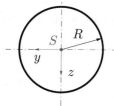

$$I_{yy} = \frac{\pi R^4}{4} \,, \quad I_{zz} = \frac{\pi R^4}{4}$$
$$I_{yz} = 0$$

Viertelkreis

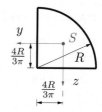

$$I_{yy} = \left(\frac{\pi}{16} - \frac{4}{9\pi} \right) R^4$$
$$I_{zz} = \left(\frac{\pi}{16} - \frac{4}{9\pi} \right) R^4$$
$$I_{yz} = \left(\frac{4}{9\pi} - \frac{1}{8} \right) R^4$$

2.4.5 Schiefe Biegung

Fällt die Wirkungslinie der am Balken angreifenden Kraft nicht mit einer Symmetrielinie des Querschnitts zusammen (Fall a) oder besitzt der Querschnitt keine Symmetrie (Fall b), dann liegt schiefe Biegung vor.

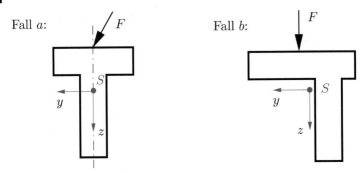

Spannungsberechnung
Vorgehen:

- Bestimmung des Schwerpunktes S der Querschnittsfläche

- Einführung eines y, z-Koordinatensystems mit Ursprung im Schwerpunkt S

  Im Fall a ist das y, z-System so zu legen, dass eine Koordinatenlinie mit der Symmetrielinie zusammen fällt.

- Berechnung der Flächenmomente I_{yy}, I_{zz} und I_{yz}

- Berechnung der Hauptflächenmomente I_1, I_2 und des Winkels φ_1^*

  Entfällt für Fall a, da y, z bereits Hauptachsen sind.

- Einführung eines Hauptachsensystems $1, 2$

  Das Hauptachsensystem ist ein u, v-Koordinatensystem, welches um φ_1^* gegenüber dem x, y-System gedreht ist.

- Transformation der Schnittmomente M_{By}, M_{Bz} in das Hauptachsensystem mittels

$$M_{Bu} = M_{By} \cos \varphi_1^* + M_{Bz} \sin \varphi_1^*$$
$$M_{Bv} = M_{Bz} \cos \varphi_1^* - M_{By} \sin \varphi_1^*$$

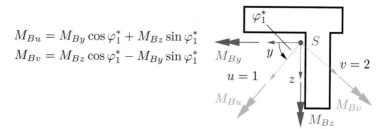

- Berechnung der Normalspannung σ als Funktion der u, v-Koordinaten mittels

$$\sigma(u, v) = \frac{M_{Bu}}{I_1} v - \frac{M_{Bv}}{I_2} u \qquad (2.29)$$

- Berechnung der maximalen Normalspannung mittels Spannungsnulllinie (SNL)

Die Geradengleichung der Spannungsnulllinie folgt aus

$$0 = \frac{M_{Bu}}{I_1} v - \frac{M_{Bv}}{I_2} u \quad .$$

Die Normalspannung ist an dem Punkt maximal, der am weitesten von der Spannungsnulllinie entfernt ist (im Bild Punkt A). Zum Einsetzen in Gl. (2.29) müssen die Koordinaten x_A, y_A mittels

$$u = y \cos \varphi_1^* + z \sin \varphi_1^*$$
$$v = z \cos \varphi_1^* - y \sin \varphi_1^*$$

in das u, v-System transformiert werden.

2.4.6 Statisch unbestimmte Probleme

Zur Lösung statisch unbestimmter Probleme werden neben dem Kräfte- und Momentengleichgewicht noch eine oder mehrere kinematische Beziehungen benötigt.

Das Vorgehen wird am nebenstehenden Beispiel demonstriert.

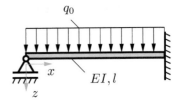

- Formulierung des Biegemoments aus dem Gleichgewicht am Teilsystem

$$M_B = F_A\,x - q_0\frac{x^2}{2}$$

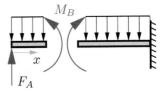

- Integration von $EIw'' = -M_B$

$$EIw'' = -M_B$$

$$EIw'' = -F_A\,x + q_0\frac{x^2}{2}$$

$$EIw' = -F_A\frac{x^2}{2} + q_0\frac{x^3}{6} + C_1$$

$$EIw = -F_A\frac{x^3}{6} + q_0\frac{x^4}{24} + C_1\,x + C_2$$

- Bestimmung der Integrationskonstanten C_1, C_2 und der unbekannten Lagerraktion F_A

Zur Berechnung der drei Unbekannten C_1, C_2, F_A stehen 3 Randbedingungen zur Verfügung. Damit folgt:

$$w(x = l) = 0$$
$$w'(x = l) = 0$$
$$w(x = 0) = 0$$

$$C_1 = \frac{q_0 l^3}{48} \quad C_2 = 0 \quad F_A = \frac{3}{8}q_0 l\,.$$

- Analytische und grafische Darstellung der Biegelinie

$$w(x) = \frac{q_0}{48EI} \left[2\,x^4 - 3l\,x^3 + l^3\,x \right]$$

- Bestimmung der Schnittgrößen $M_B(x)$ und $F_Q(x)$

  Mit Gl. (2.23) und Gl. (1.6) kann abschließend das Biegemoment und die Querkraft angegeben werden:

$$M_B(x) = q_0 l^2 \left(\frac{3x}{8l} - \frac{x^2}{l^2} \right)$$

$$F_Q(x) = q_0 l \left(\frac{3}{8} - \frac{2x}{l} \right) \quad .$$

Tipp:
◆ Alternativ kann auch von $EIw'''' = q$ ausgegangen werden:

$$EIw'''' = q_0$$

$$EIw''' = q_0\,x + C_1$$

$$EIw'' = q_0\frac{x^2}{2} + C_1\,x + C_2$$

$$EIw' = q_0\frac{x^3}{6} + C_1\frac{x^2}{2} + C_2\,x + C_3$$

$$EIw = q_0\frac{x^4}{24} + C_1\frac{x^3}{6} + C_2\frac{x^2}{2} + C_3\,x + C_4$$

Zur Berechnung der vier Unbekannten C_1, C_2, C_3, C_4 stehen 4 Randbedingungen zur Verfügung, drei bezüglich w bzw. w' und eine bezüglich M_B.

$$w(x = l) = 0$$
$$w'(x = l) = 0$$
$$w(x = 0) = 0$$
$$M_B(x = 0) = 0$$

2.5 Allgemeine Spannungs- und Verzerrungszustände

In einem beliebig geformten, belasteten Körper können sechs Spannungen auftreten. Diesen sechs Spannungen sind über das Stoffgesetz sechs Verzerrungen zugeordnet.

2.5.1 Räumlicher Spannungszustand

Definition von Spannungen

Normalspannung: $\quad \sigma = \dfrac{dF_N}{dA}$

Tangentialspannung: $\quad \tau = \dfrac{dF_T}{dA}$

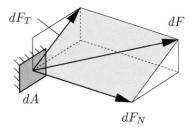

Spannungen am Volumenelement

$$[\sigma_{ij}] = \begin{bmatrix} \sigma_{xx} & \tau_{xy} & \tau_{xz} \\ \tau_{yx} & \sigma_{yy} & \tau_{yz} \\ \tau_{zx} & \tau_{zy} & \sigma_{zz} \end{bmatrix}$$

Es gilt:

$$\tau_{mn} = \tau_{nm} \quad .$$

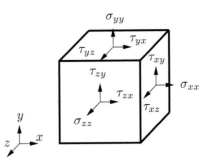

Beachte:

■ An der positiven Schnittfläche werden die Spannungen in positive Koordinatenrichtung eingetragen. Die positive Schnittfläche ist dadurch gekennzeichnet, dass der Normalenvektor in die gleiche Richtung zeigt wie die Koordinate.

■ Der erste Index der Spannung entspricht der Richtung des Normalenvektors und der zweite Index der Richtung der zur jeweiligen Spannung gehörenden Kraft.

2.5.2 Ebener Spannungszustand

Spannungen am Flächenelement

$$[\sigma_{ij}] = \begin{bmatrix} \sigma_{xx} & \tau_{xy} \\ \tau_{yx} & \sigma_{yy} \end{bmatrix}$$

Es gilt:

$$\tau_{xy} = \tau_{yx} \quad .$$

Neben den Spannungen an den zur x- bzw. y-Achse parallelen Schnittflächen sind in die nebenstehende Skizze noch die Spannungen an einer um den Winkel φ geneigten Schnittfläche eingetragen.

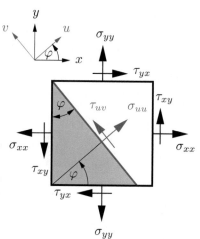

Beachte:

■ Beim ebenen Spannungszustand gilt $\sigma_{zz} = 0, \tau_{xz} = 0$ und $\tau_{yz} = 0$. Er kann in der Regel bei dünnwandigen Flächentragwerken angenommen werden.

Spannungen an einer um den Winkel φ geneigten Schnittfläche

$$\sigma_{uu} = \frac{1}{2}\left(\sigma_{xx} + \sigma_{yy}\right) + \frac{1}{2}\left(\sigma_{xx} - \sigma_{yy}\right)\cos(2\varphi) + \tau_{xy}\sin(2\varphi)$$

$$\sigma_{vv} = \frac{1}{2}\left(\sigma_{xx} + \sigma_{yy}\right) - \frac{1}{2}\left(\sigma_{xx} - \sigma_{yy}\right)\cos(2\varphi) - \tau_{xy}\sin(2\varphi)$$

$$\tau_{uv} = \qquad\qquad -\frac{1}{2}\left(\sigma_{xx} - \sigma_{yy}\right)\sin(2\varphi) + \tau_{xy}\cos(2\varphi)$$

Tipp:

◆ Vor der Transformation der Spannungen ist die Lage der Koordinatensysteme x, y und u, v zueinander zu prüfen, damit der Winkel φ korrekt abgelesen werden kann.

Hauptspannungen

Es gibt zwei Schnittflächen, jeweils unter dem Winkel φ_1° und $\varphi_2^\circ = \varphi_1^\circ + \frac{\pi}{2}$, für die gilt $\tau_{uv} = 0$. Die jeweiligen Normalspannungen sind dann maximal bzw. minimal und werden für diesen Fall als Hauptspannungen σ_1 und σ_2 bezeichnet. Sie werden so sortiert, dass gilt $\sigma_1 \geq \sigma_2$. Das dazugehörige Koordinatensystem u, v wird als Hauptachsensystem bezeichnet.

$$\sigma_{1,2} = \frac{\sigma_{xx} + \sigma_{yy}}{2} \pm \sqrt{\left(\frac{\sigma_{xx} - \sigma_{yy}}{2}\right)^2 + \tau_{xy}^2}, \quad \sigma_1 \geq \sigma_2$$

$$\tan\varphi_{1,2}^\circ = \frac{\tau_{xy}}{\sigma_{xx} - \sigma_{2,1}} = \frac{2\tau_{xy}}{\sigma_{xx} - \sigma_{yy}}$$

(2.30)

Beachte:

■ In Gl. (2.30) gilt $\sigma_{1,2} \widehat{=} \sigma_1, \sigma_2$. Das positive Vorzeichen vor der Wurzel liefert σ_1.

■ Der Winkel φ_1° gibt die Lage der zu σ_1 gehörenden u-Achse an.

■ Es gilt: $\sigma_1 + \sigma_2 = \sigma_x + \sigma_y = \sigma_u + \sigma_v$. Demnach ist die Summe der Normalspannungen invariant gegenüber Koordinatentransformationen.

Maximale Schubspannungen

Es gibt zwei Schnittflächen, jeweils unter dem Winkel $\varphi = \varphi^\nabla$ und $\varphi = \varphi^\nabla + \frac{\pi}{2}$, für die die Schubspannung maximal bzw. minimal wird, wobei der Betrag dieser Extremwerte gleich ist. Für τ_{max} und φ^∇ gilt:

$$\tau_{max} = \sqrt{\left(\frac{\sigma_{xx} - \sigma_{yy}}{2}\right)^2 + \tau_{xy}^2}$$

$$\tan 2\varphi^\nabla = -\frac{\sigma_{xx} - \sigma_{yy}}{2\tau_{xy}}$$

(2.31)

Tipp:

◆ Die maximale Schubspannung τ_{max} kann auch aus den Hauptspannungen gemäß $\tau_{max} = (\sigma_1 - \sigma_2)/2$ bestimmt werden.

Mohrscher Spannungskreis

Der Mohrsche Spannungskreis ist die grafische Darstellung eines speziellen Spannungszustandes, $\sigma_{xx}, \sigma_{yy}, \tau_{xy}$, für um beliebige Winkel φ geneigte Schnittflächen. Die Schnittpunkte des Kreises mit der σ_{uu}-Achse sind die Hauptspannungen σ_1 und σ_2. Analog können die maximale Schubspannung τ_{max} und die Winkel $\varphi_1^\circ, \varphi^\nabla$ abgelesen werden.

Der dargestellte Kreis entspricht der Gleichung

$$R^2 = (\sigma_{uu} - \sigma_m)^2 + \tau_{uv}^2 \quad .$$

Dabei beschreibt

$$\sigma_m = \frac{\sigma_{xx} + \sigma_{yy}}{2}$$

die Lage und

$$R = \sqrt{\left[\frac{\sigma_{xx} - \sigma_{yy}}{2}\right]^2 + \tau_{xy}^2}$$

den Radius des Kreises.

Vorgehen zum Zeichnen des Mohrschen Spannungskreises:

- Berechnung der durch σ_m beschriebenen Lage des Kreismittelpunktes

  Dieser liegt auf der σ_{uu}-Achse und damit bei $\tau_{uv} = 0$.

- Berechnung des Radius R des Kreises

- Zeichnen des Mohrsche Spannungskreis in das τ_{uv}, σ_{uu}-Koordinatensystem

Beachte:

■ Oft werden die Achsen bei der Darstellung des Mohrschen Spannungskreises nur mit σ, τ statt mit σ_{uu}, τ_{uv} bezeichnet.

2.5.3 Räumlicher Verzerrungszustand

Definition von Verzerrungen
Wird ein Körper belastet, dann verschieben sich die einzelnen Körperpunkte. Aus der Änderung des Verschiebungszustandes zu benachbarten Körperpunkten werden entsprechend der Regel „(neue Länge - alte Länge)/(alte Länge)" die Dehnungen ε_{kk} berechnet. Die Abweichung vom ursprünglich rechten Winkel definiert die Schubverzerrungen γ_{kl} mit $k \neq l$. Dehnungen und Schubverzerrungen werden zusammenfassend als Verzerrungen bezeichnet.

Verformung und Verzerrung am Volumenelement
Die Verzerrungen ε_{kl} werden aus dem Verschiebungsvektor

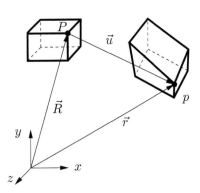

$$\vec{u} = u_x \vec{e}_x + u_y \vec{e}_y + u_z \vec{e}_z$$

gemäß

$$\varepsilon_{kl} = \frac{1}{2}\left(\frac{\partial u_k}{\partial x_l} + \frac{\partial u_l}{\partial x_k}\right), \quad k, l = x, y, z$$

bestimmt. Dementsprechend gilt für die Dehnungen

$$\varepsilon_{xx} = \frac{\partial u_x}{\partial x}, \quad \varepsilon_{yy} = \frac{\partial u_y}{\partial y}, \quad \varepsilon_{zz} = \frac{\partial u_z}{\partial z} \qquad (2.32)$$

und für die in den Indizes k, l symmetrischen Schubverzerrungen

$$\gamma_{xy} = \frac{\partial u_x}{\partial y} + \frac{\partial u_y}{\partial x}, \quad \gamma_{xz} = \frac{\partial u_x}{\partial z} + \frac{\partial u_z}{\partial x}, \quad \gamma_{yz} = \frac{\partial u_y}{\partial z} + \frac{\partial u_z}{\partial y} \qquad .$$

$$(2.33)$$

Beachte:
■ Werden die Schubverzerrungen γ_{kl} mit dem Symbol für die Verzerrungen ε_{kl} ausgedrückt, so ist $\varepsilon_{kl} = \frac{1}{2}\gamma_{kl}$.

2.5.4 Ebener Verzerrungszustand

Verformung und Verzerrung am Flächenelement

Die auf die Ebene reduzierte Form
des Verschiebungsvektors

$$\vec{u} = u_x \vec{e}_x + u_y \vec{e}_y$$

liefert

$$[\varepsilon_{kl}] = \begin{bmatrix} \varepsilon_{xx} & \frac{1}{2}\gamma_{xy} \\ \frac{1}{2}\gamma_{yx} & \varepsilon_{yy} \end{bmatrix}$$

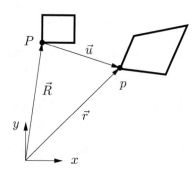

$$\varepsilon_{xx} = \frac{\partial u_x}{\partial x}, \quad \varepsilon_{yy} = \frac{\partial u_y}{\partial y}, \quad \gamma_{xy} = \frac{\partial u_x}{\partial y} + \frac{\partial u_y}{\partial x} \qquad (2.34)$$

Beachte:

■ Beim ebenen Verzerrungszustand gilt $\varepsilon_{zz} = 0$, $\gamma_{xz} = 0$, $\gamma_{yz} = 0$. Er kann z. B. bei langen Rohren angenommen werden.

Verzerrungen im gedrehten Koordinatensystem

$$\varepsilon_{uu} = \frac{1}{2}(\varepsilon_{xx} + \varepsilon_{yy}) + \frac{1}{2}(\varepsilon_{xx} - \varepsilon_{yy})\cos(2\varphi) + \frac{1}{2}\gamma_{xy}\sin(2\varphi)$$

$$\varepsilon_{vv} = \frac{1}{2}(\varepsilon_{xx} + \varepsilon_{yy}) - \frac{1}{2}(\varepsilon_{xx} - \varepsilon_{yy})\cos(2\varphi) - \frac{1}{2}\gamma_{xy}\sin(2\varphi)$$

$$\gamma_{uv} = \qquad -(\varepsilon_{xx} - \varepsilon_{yy})\sin(2\varphi) \quad + \gamma_{xy}\cos(2\varphi)$$

Tipp:

◆ Die Verzerrungen transformieren sich nach der gleichen Vorschrift wie die Spannungen.

◆ Die Bestimmung der Hauptdehnungen erfolgt analog zu den Hauptspannungen.

2.6 Verallgemeinertes Hookesches Gesetz

Das verallgemeinerte Hookesche Gesetz liefert einen Zusammenhang zwischen Spannungen und Verzerrungen im mehrdimensionalen Fall.

Das verallgemeinerte Hookesche Gesetz gilt für isotropes Material bei linear-elastischem Materialverhalten.

2.6.1 Hookesches Gesetz für den räumlichen Spannungszustand

Verzerrung als Funktion der Spannung

$$\varepsilon_x = \frac{1}{E}\left[\sigma_x - \nu\left(\sigma_y + \sigma_z\right)\right]$$

$$\varepsilon_y = \frac{1}{E}\left[\sigma_y - \nu\left(\sigma_x + \sigma_z\right)\right]$$

$$\varepsilon_z = \frac{1}{E}\left[\sigma_z - \nu\left(\sigma_x + \sigma_y\right)\right]$$

$$\gamma_{xy} = \frac{1}{G}\tau_{xy}, \quad \gamma_{yz} = \frac{1}{G}\tau_{yz}, \quad \gamma_{zx} = \frac{1}{G}\tau_{zx}$$

(2.35)

Spannung als Funktion der Verzerrung

$$\sigma_x = \frac{E}{(1+\nu)(1-2\nu)}\left[(1-\nu)\varepsilon_x + \nu(\varepsilon_y + \varepsilon_z)\right]$$

$$\sigma_y = \frac{E}{(1+\nu)(1-2\nu)}\left[(1-\nu)\varepsilon_y + \nu(\varepsilon_z + \varepsilon_x)\right]$$

$$\sigma_z = \frac{E}{(1+\nu)(1-2\nu)}\left[(1-\nu)\varepsilon_z + \nu(\varepsilon_x + \varepsilon_y)\right]$$

$$\tau_{xy} = G\,\gamma_{xy}, \quad \tau_{yz} = G\,\gamma_{yz}, \quad \tau_{zx} = G\,\gamma_{zx}$$

(2.36)

Beachte:
■ Die Materialkenngrößen E und ν können anhand von Versuchen mit eindimensionaler Beanspruchung bestimmt werden.

2.6.2 Hookesches Gesetz für den ebenen Spannungszustand (ESZ)

Verzerrung als Funktion der Spannung

$$
\begin{aligned}
\varepsilon_x &= \frac{1}{E}\left(\sigma_x - \nu\sigma_y\right) \\
\varepsilon_y &= \frac{1}{E}\left(\sigma_y - \nu\sigma_x\right) \\
\varepsilon_z &= -\frac{\nu}{E}\left(\sigma_x + \sigma_y\right) \\
\gamma_{xy} &= \frac{1}{G}\tau_{xy} \\
\gamma_{yz} &= \gamma_{zx} = 0
\end{aligned}
\tag{2.37}
$$

Spannung als Funktion der Verzerrung

$$
\begin{aligned}
\sigma_x &= \frac{E}{1-\nu^2}\left(\varepsilon_x + \nu\varepsilon_y\right) \\
\sigma_y &= \frac{E}{1-\nu^2}\left(\varepsilon_y + \nu\varepsilon_x\right) \\
\tau_{xy} &= G\,\gamma_{xy}
\end{aligned}
\tag{2.38}
$$

Beachte:

■ Für $\nu \neq 0$ bewirkt der ebene Spannungszustand auch eine Dehnung in der unbelasteten z-Richtung.

2.6.3 Hookesches Gesetz für den ebenen Verzerrungszustand (EVZ)

Verzerrung als Funktion der Spannung

$$\varepsilon_x = \frac{1}{E}\left[\sigma_x - \nu\left(\sigma_y + \sigma_z\right)\right]$$

$$\varepsilon_y = \frac{1}{E}\left[\sigma_y - \nu\left(\sigma_x + \sigma_z\right)\right] \tag{2.39}$$

$$\gamma_{xy} = \frac{1}{G}\tau_{xy}$$

Spannung als Funktion der Verzerrung

$$\sigma_x = \frac{E}{(1+\nu)(1-2\nu)}\left[(1-\nu)\varepsilon_x + \nu\varepsilon_y\right]$$

$$\sigma_y = \frac{E}{(1+\nu)(1-2\nu)}\left[(1-\nu)\varepsilon_y + \nu\varepsilon_x\right] \tag{2.40}$$

$$\sigma_z = \frac{E\,\nu}{(1+\nu)(1-2\nu)}\left[\varepsilon_x + \varepsilon_y\right]$$

$$\tau_{xy} = G\,\gamma_{xy}, \quad \tau_{yz} = \tau_{zx} = 0$$

Beachte:

■ Für $\nu \neq 0$ bewirkt der ebene Verzerrungszustand auch eine Spannung in der unbelasteten z-Richtung.

2.6.4 Hookesches Gesetz für den eindimensionalen Spannungszustand

$$\sigma_{xx} = E\,\varepsilon_{xx}$$

$$\varepsilon_{yy} = -\nu\varepsilon_{xx}$$

$$\varepsilon_{zz} = -\nu\varepsilon_{xx}$$

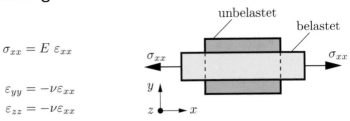

2.7 Festigkeitshypothesen

Für die Beurteilung der Festigkeit eines Bauteils muss die lokale Beanspruchung mit der Beanspruchbarkeit des Werkstoffs verglichen werden.

Die mehrdimensionale Beanspruchung σ_{kl} wird mittels Vergleichsspannungshypothesen auf eine Vergleichsspannung σ_v reduziert. Die Beanspruchbarkeit R des Werkstoffs wird unter eindimensionaler Beanspruchung im Zugversuch ermittelt.

Festigkeitskriterium
Das Festigkeitskriterium für ein Bauteil ist erfüllt, wenn an jeder Stelle gilt:

$$\sigma_v < R \qquad . \tag{2.41}$$

Für die Beanspruchbarkeit R gilt bei Bruch $R = R_m$ und bei Einsetzen von plastischer Verformung $R = R_{p,0,2}$ bzw. $R = R_e$.

2.7.1 Vergleichsspannungen für den ESZ

Hauptspannungshypothese
nach Rankine

$$\sigma_{v1} = \sigma_1$$

Schubspannungshypothese
nach Tresca

$$\sigma_{v2} = \max(|\sigma_1 - \sigma_2|, |\sigma_2|, |\sigma_1|)$$

Gestaltänderungsenergiehypothese
nach von Mises

$$\sigma_{v3} = \sqrt{\frac{1}{2}\left[(\sigma_1 - \sigma_2)^2 + \sigma_1^2 + \sigma_2^2\right]}$$

$$= \sqrt{\sigma_{xx}^2 + \sigma_{yy}^2 - \sigma_{xx}\sigma_{yy} + 3\tau_{xy}^2}$$

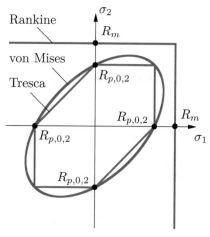

Beachte:
- ■ Die Hauptspannungshypothese wird für das Einsetzen von Bruch bei spröden Werkstoffen verwendet.

- ■ Die Schubspannungshypothese und die Gestaltänderungsenergiehypothese werden für den Beginn plastischer Verformung bei duktilen Werkstoffen verwendet.

- ■ Die grafische Darstellung folgt jeweils für einen werkstoffspezifischen Wert R_m, $R_{p,0,2}$ bzw. R_e. Durch die Wertepaare σ_1, σ_2 beschriebene Beanspruchungszustände innerhalb des durch die jeweilige Grenzkurve beschriebenen Bereichs führen nicht zum Bruch bzw. zu plastischen Verformungen.

2.7.2 Vergleichsspannung für Linientragwerke

Hauptspannungshypothese
nach Rankine

$$\sigma_{v1} = \sigma_1$$

Schubspannungshypothese
nach Tresca

$$\sigma_{v2} = \sqrt{\sigma^2 + 4\tau^2}$$

Gestaltänderungsenergiehypothese
nach von Mises

$$\sigma_{v3} = \sqrt{\sigma^2 + 3\tau^2}$$

Beachte:
- ■ Die Normalspannung σ folgt aus Zug-, Druck- und/oder Biegebelastung, die Schubspannung τ aus Torsion.

- ■ Die Berechnung der Hauptspannungen erfolgt mittels

$$\sigma_{1,2} = \frac{\sigma}{2} \pm \sqrt{\left(\frac{\sigma^2}{4} + \tau^2\right)} \quad .$$

2.8 Stabilitätsprobleme

Stabile Gleichgewichtslagen können instabil werden, wenn eine elastische Lagerung oder die Verformbarkeit des Bauteils Bewegungsmöglichkeiten zulassen. Instabile Gleichgewichtslagen sind in der Regel nicht aktzeptabel.

2.8.1 Stabilität elastisch gelagerter starrer Körper

Sobald $F > F_k$ verlässt das System seine stabile vertikale Gleichgewichtslage. Das System wird instabil.

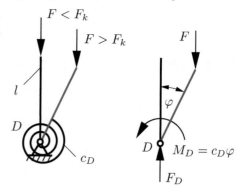

Die Ermittlung von F_k für nebenstehendes Beispiel erfolgt mittels Gleichgewicht am ausgelenkten System oder durch Formulieren der potentiellen Energie des ausgelenkten Systems.

Bestimmung von F_k mittels Gleichgewichtsbedingung
Vorgehen:

- Aufstellen der Gleichgewichtsbedingung am ausgelenkten System

- Umstellen nach der eingeprägten Kraft F

- Linearisieren bezüglich der Bewegungskoordinate führt auf F_k

Das Vorgehen liefert das Momentengleichgewicht $c_D\varphi = Fl\sin\varphi$ für das oben abgebildete Beispiel. Daraus folgt

$$F = \frac{c_D\,\varphi}{l\sin\varphi} \quad \text{und mit } \sin\varphi \approx \varphi \quad F_k = \frac{c_D}{l} \quad .$$

Bestimmung von F_k mittels der Potenzialfunktion Π

Vorgehen:

- Aufstellen der Potenzialfunktion Π für eine ausgelenkte Lage

- Ableiten von Π nach der Bewegungskoordinate und $\Pi' = 0$ setzen

- Umstellen nach der eingeprägten Kraft F

- Linearisieren bezüglich der Bewegungskoordinate führt auf F_k

Das Vorgehen liefert für das oben abgebildete Beispiel mit

$$\Pi = -F\,l\,(1 - \cos\varphi) + \frac{1}{2}c_D\varphi^2$$

wie bereits angegeben $F_k = c_D/l$.

2.8.2 Knicken elastischer Stäbe

Stabförmige Bauteile können unter Druckbeanspruchung bei einer kritischen Last F_k plötzlich seitlich ausweichen, d. h. knicken. Für die kritischen Verzweigungslasten für einen Stab mit der freien Knicklänge l gilt (EULERsche Knickfälle):

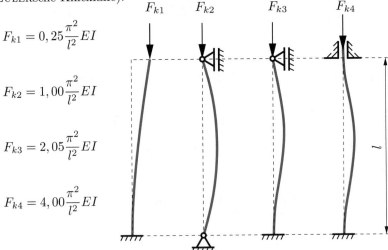

$$F_{k1} = 0,25\frac{\pi^2}{l^2}EI$$

$$F_{k2} = 1,00\frac{\pi^2}{l^2}EI$$

$$F_{k3} = 2,05\frac{\pi^2}{l^2}EI$$

$$F_{k4} = 4,00\frac{\pi^2}{l^2}EI$$

Beachte:

■ Stäbe mit rechteckigem Querschnitt knicken um die Achse mit dem kleineren Flächenmoment.

2.9 Arbeit und Formänderung

> Äußere Kräfte und Momente führen an einem Tragwerk zu Formände-
> rungen, d. h. zu Verschiebungen und Verdrehungen, und verrichten
> dabei Arbeit.

Die im Tragwerk gespeicherte elastische Verzerrungsenergie U ist gleich
der Arbeit der äußeren Lasten.

$$\boxed{W = U}$$ (2.42)

2.9.1 Äußere Arbeit an Stäben und Balken

Bei einem linear-elastischen Tragwerk sind die angreifende Kraft F
und die Verschiebung v in Richtung
der Kraft sowie das angreifende Moment M und die Verdrehung φ in
Richtung des Moments proportional. Daher gilt:

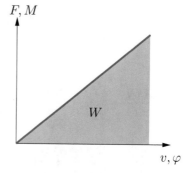

$$W = \frac{1}{2}Fv \qquad W = \frac{1}{2}M\varphi \quad .$$

2.9.2 Elastische Verzerrungsenergie in Stäben und Balken

Wirken in Stäben oder Balken Längskräfte, Torsionsmomente und Biegemomente, so gilt für die jeweiligen Verzerrungsenergien

$$U = U_L + U_T + U_B \quad .$$

Die Verzerrungsenergien können bei elastischem Materialverhalten aus
den Schnittgrößen bestimmt werden:

$$\boxed{U_L = \frac{1}{2}\int_l \frac{F_L^2}{EA}\,dx\,, \quad U_T = \frac{1}{2}\int_l \frac{M_T^2}{GI_T}\,dx\,, \quad U_B = \frac{1}{2}\int_l \frac{M_B^2}{EI}\,dx} \quad .$$

(2.43)

2.9.3 Berechnung der Verformung an Lasteinleitungsstellen

Die partielle Ableitung der Verzerrungsenergie nach einer Einzellast liefert die zugeordnete Verformung an der Lasteinleitungsstelle in Richtung der Einzellast (Satz von Castigliano).

Dementsprechend gilt für die mit k bzeichnete Lasteinleitungsstelle

$$
v_k = \frac{\partial U}{\partial F_k}\,, \quad \varphi_k = \frac{\partial U}{\partial M_k}
$$

(2.44)

mit

$$
\frac{\partial U_L}{\partial F_k} = \int_l \frac{F_L}{EA}\frac{\partial F_L}{\partial F_k}\,dx \qquad\qquad \frac{\partial U_L}{\partial M_k} = \int_l \frac{F_L}{EA}\frac{\partial F_L}{\partial M_k}\,dx
$$

$$
\frac{\partial U_T}{\partial F_k} = \int_l \frac{M_T}{GI_T}\frac{\partial M_T}{\partial F_k}\,dx \qquad\qquad \frac{\partial U_T}{\partial M_k} = \int_l \frac{M_T}{GI_T}\frac{\partial M_T}{\partial M_k}\,dx
$$

$$
\frac{\partial U_B}{\partial F_k} = \int_l \frac{M_B}{EI}\frac{\partial M_B}{\partial F_k}\,dx \qquad\qquad \frac{\partial U_B}{\partial M_k} = \int_l \frac{M_B}{EI}\frac{\partial M_B}{\partial M_k}\,dx
$$

Beachte:

■ Die Verdrehung φ_k kann eine Verdrehung um die Längsachse des Stabes oder um eine Achse senkrecht dazu sein.

■ Die Verschiebung v_k kann eine Verschiebung in Richtung der Längsachse des Stabes oder in eine Richtung senkrecht dazu sein.

■ Wird zur Bestimmung der Schnittgrößen der Balken in m Bereiche eingeteilt, dann muss bereichsweise integriert und anschließend über die Bereiche m summiert werden. Entsprechend gilt dann für Gl. (2.44)

$$v_k = \sum_{i=1}^{m} \int_{l_i} \left\{ \frac{F_{Li}}{(EA)_i} \frac{\partial F_{Li}}{\partial F_k} + \frac{M_{Ti}}{(GI_T)_i} \frac{\partial M_{Ti}}{\partial F_k} + \frac{M_{Bi}}{(EI)_i} \frac{\partial M_{Bi}}{\partial F_k} \right\} dx_i$$

$$\varphi_k = \sum_{i=1}^{m} \int_{l_i} \left\{ \frac{F_{Li}}{(EA)_i} \frac{\partial F_{li}}{\partial M_k} + \frac{M_{Ti}}{(GI_T)_i} \frac{\partial M_{Ti}}{\partial M_k} + \frac{M_{Bi}}{(EI)_i} \frac{\partial M_{Bi}}{\partial M_k} \right\} dx_i$$

Vorgehen zur Bestimmung von v_1 (Verschiebung in Richtung F_1) und φ_1 (Verdrehung entsprechend M_1) am dargestellten Beispiel:

- Balken in Bereiche einteilen, Koordinaten einführen und Schnittgrößen bereichsweise bestimmen

- Partielle Ableitungen der Schnittgrößen nach den äußeren Lasten F_1, M_1 bilden

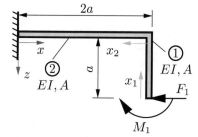

i	F_{Li}	M_{Bi}	$\frac{\partial F_{Li}}{\partial F_1}$	$\frac{\partial F_{Li}}{\partial M_1}$	$\frac{\partial M_{Bi}}{\partial F_1}$	$\frac{\partial M_{Bi}}{\partial M_1}$	Grenzen
1	0	$-M_1 - F_1 x_1$	0	0	$-x_1$	-1	$0, a$
2	$-F_1$	$-M_1 - F_1 a$	-1	0	$-a$	-1	$0, 2a$

- Integrale zur Bestimmung der Verschiebung v_1 und der Verdrehung φ_1 mit Hilfe obiger Tabelle formulieren

$$v_1 = \int_{x_1=0}^{a} \frac{-M_1 - F_1 x_1}{EI}(-x_1)\, dx_1 + \int_{x_2=0}^{2a} \frac{-M_1 - F_1 a}{EI}(-a)\, dx_2$$
$$+ \int_{x_2=0}^{2a} \frac{-F_1}{EA}(-1)\, dx_2$$

$$\varphi_1 = \int_{x_1=0}^{a} \frac{-M_1 - F_1 x_1}{EI}(-1)\, dx_1 + \int_{x_2=0}^{2a} \frac{-M_1 - F_1 a}{EI}(-1)\, dx_2$$

3 Kinematik und Kinetik

3.1 Kinematik des Körperpunktes

3.1.1 Definitionen und Begriffe

Die Kinematik ist die Lehre von der Bewegung starrer Körper. Die Ursache der Bewegung spielt dabei keine Rolle.

Ort

Zum Zeitpunkt t befindet sich der Körperpunkt am Raumpunkt P. Der Ortsvektor $\vec{r}(t)$ beschreibt den Ort des Körperpunktes und zeigt damit zum Zeitpunkt t zu P. Zum Zeitpunkt $t + \Delta t$ befindet sich der Körperpunkt am Ort P'. Die Raumkurve, die der Körperpunkt durchläuft, wird Bahnkurve genannt.

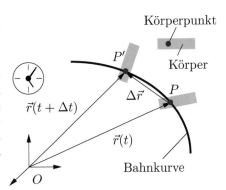

Geschwindigkeit

Die Geschwindigkeit des Körperpunktes in P ist als zeitliche Änderung des Ortes definiert:

$$\vec{v} = \lim_{\Delta t \to 0} \frac{\Delta \vec{r}}{\Delta t} = \frac{d\vec{r}}{dt} = \dot{\vec{r}} \qquad . \qquad (3.1)$$

Beschleunigung

Die Beschleunigung ist als zeitliche Änderung der Geschwindigkeit definiert:

$$\vec{a} = \lim_{\Delta t \to 0} \frac{\Delta \vec{v}}{\Delta t} = \frac{d\vec{v}}{dt} = \dot{\vec{v}} \qquad . \qquad (3.2)$$

Beachte:

■ Das im Bild eingezeichnete Bezugssystem ist ein Inertialsystem. Das heißt, es ist raumfest und damit beschleunigungsfrei.

3.1.2 Geradlinige Bewegung

 Die Bahnkurve ist eine Gerade. Statt des Ortsvektors wird direkt die Koordinate s zur Beschreibung der Bewegung benutzt.

Ort

$$s = s(t) \qquad (3.3)$$

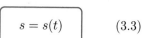

Geschwindigkeit

$$v = \frac{ds}{dt} = \dot{s} \qquad (3.4)$$

Beschleunigung

$$a = \frac{dv}{dt} = \dot{v} \qquad (3.5)$$

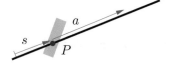

Die Beziehungen für a und v erlauben die Elimination der Zeit t (Variablensubstitution):

$$a = \frac{dv}{ds} v \qquad . \qquad (3.6)$$

Beachte:

■ Die an den Vektorpfeilen von Ort, Geschwindigkeit und Beschleunigung stehenden Maßzahlen s, v und a können positive oder negative Werte haben.

■ In der Regel ist die Beschleunigung gegeben und durch Integration wird die Geschwindigkeit und der Ort bestimmt.

Bewegung mit konstanter Beschleunigung

$$a = k$$ (3.7)

$$a = k \qquad\qquad v = kt + v_0 \qquad\qquad s = k\frac{t^2}{2} + v_0 t + s_0$$

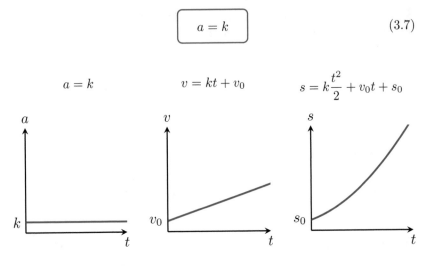

Bewegung mit zeitabhängiger Beschleunigung

$$a = a(t)$$ (3.8)

Diagramme für den Sonderfall $a = a_0 + kt$:

$$a = a(t) \qquad\qquad v = \int a\, dt + v_0 \qquad\qquad s = \int v\, dt + s_0$$

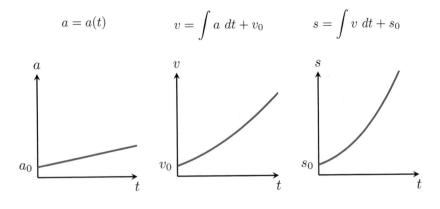

Bewegung mit geschwindigkeitsabhängiger Beschleunigung

$$a = a(v)$$ (3.9)

Vorgehen:

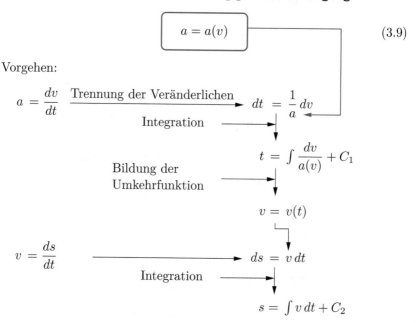

$$a = \frac{dv}{dt} \quad \xrightarrow{\text{Trennung der Veränderlichen}} \quad dt = \frac{1}{a}\,dv$$

Integration

$$t = \int \frac{dv}{a(v)} + C_1$$

Bildung der
Umkehrfunktion

$$v = v(t)$$

$$v = \frac{ds}{dt} \quad \xrightarrow{} \quad ds = v\,dt$$

Integration

$$s = \int v\,dt + C_2$$

Diagramme für den Sonderfall $a = -kv$:

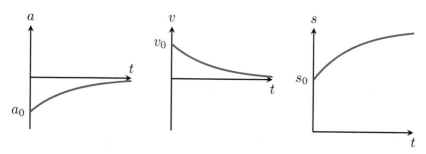

Beachte:

■ Die Umkehrfunktion von $t(v)$ lässt sich nicht in jedem Falle bilden.

■ Die Konstanten C_1 und C_2 werden mittels der Anfangsbedingungen bestimmt.

Bewegung mit wegabhängiger Beschleunigung

$$a = a(s)$$ (3.10)

Vorgehen:

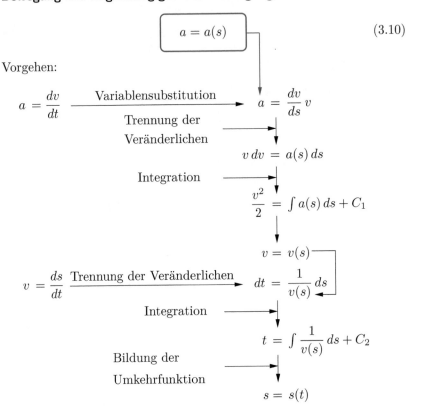

$$a = \frac{dv}{dt} \xrightarrow[\text{Trennung der Veränderlichen}]{\text{Variablensubstitution}} a = \frac{dv}{ds}\, v$$

$$v\, dv = a(s)\, ds$$

Integration

$$\frac{v^2}{2} = \int a(s)\, ds + C_1$$

$$v = v(s)$$

$$v = \frac{ds}{dt} \xrightarrow{\text{Trennung der Veränderlichen}} dt = \frac{1}{v(s)}\, ds$$

Integration

$$t = \int \frac{1}{v(s)}\, ds + C_2$$

Bildung der Umkehrfunktion

$$s = s(t)$$

Diagramme für den Sonderfall $a = -ks$:

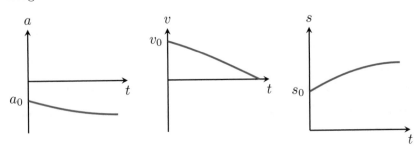

3.1.3 Allgemeine ebene Bewegung

Die Bahnkurve ist eine beliebige Kurve in der Ebene. Zur Beschreibung der Bewegung können verschiedene Koordinatensysteme verwendet werden.

Kartesische Koordinaten

Ort:

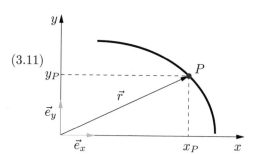

$$\boxed{\vec{r} = x(t)\vec{e}_x + y(t)\vec{e}_y} \qquad (3.11)$$

mit

$$\dot{\vec{e}}_x = 0 \quad \text{und} \quad \dot{\vec{e}}_y = 0$$

Geschwindigkeit:

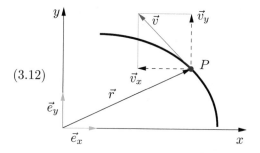

$$\boxed{\begin{aligned} \vec{v} &= \vec{v}_x + \vec{v}_y \\ &= v_x\vec{e}_x + v_y\vec{e}_y \\ &= \dot{x}\vec{e}_x + \dot{y}\vec{e}_y \end{aligned}} \qquad (3.12)$$

Beschleunigung:

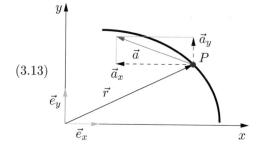

$$\boxed{\begin{aligned} \vec{a} &= \vec{a}_x + \vec{a}_y \\ &= a_x\vec{e}_x + a_y\vec{e}_y \\ &= \ddot{x}\vec{e}_x + \ddot{y}\vec{e}_y \end{aligned}} \qquad (3.13)$$

Polarkoordinaten

Der Basisvektor $\vec{e}_r$ zeigt in Richtung des Ortsvektors $\vec{r}$. Der Basisvektor $\vec{e}_\varphi$ steht senkrecht auf $\vec{e}_r$. Die Vektoren $\vec{e}_\varphi$ und $\vec{e}_r$ bilden mit der positiven z-Achse ein Rechtssystem.

Ort:

$$\vec{r} = r\vec{e}_r \qquad (3.14)$$

mit

$$\dot{\vec{e}}_r = \dot{\varphi}\vec{e}_\varphi \quad \text{und} \quad \dot{\vec{e}}_\varphi = -\dot{\varphi}\vec{e}_r$$

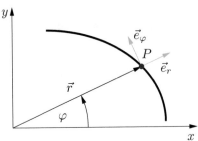

Geschwindigkeit:

$$\begin{aligned}
\vec{v} &= \vec{v}_r + \vec{v}_\varphi \\
&= v_r\vec{e}_r + v_\varphi\vec{e}_\varphi \qquad (3.15) \\
&= \dot{r}\vec{e}_r + r\dot{\varphi}\vec{e}_\varphi
\end{aligned}$$

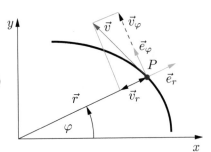

Beschleunigung:

$$\begin{aligned}
\vec{a} &= \vec{a}_r + \vec{a}_\varphi \\
&= a_r\vec{e}_r + a_\varphi\vec{e}_\varphi \\
&= \left(\ddot{r} - r\dot{\varphi}^2\right)\vec{e}_r + \left(2\dot{r}\dot{\varphi} + r\ddot{\varphi}\right)\vec{e}_\varphi
\end{aligned}$$

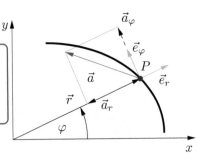

$$(3.16)$$

Natürliche Koordinaten

Der Basisvektor $\vec{e}_t$ zeigt in Richtung der Bahntangente. Der Vektor $\vec{e}_n$ steht senkrecht auf $\vec{e}_t$ und zeigt zum Krümmungsmittelpunkt K. Der Krümmungsradius ρ ist der Abstand zwischen dem Krümmungsmittelpunkt K und dem Punkt P.

Ort:

$$\boxed{\vec{r} = \vec{r}\,[s(t)]} \qquad (3.17)$$

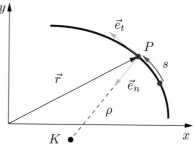

mit

$$\vec{e}_t = \frac{d\vec{r}}{ds} \quad \text{und} \quad \dot{\vec{e}}_t = \frac{v}{\rho}\vec{e}_n$$

Geschwindigkeit:

$$\boxed{\begin{aligned} \vec{v} &= \vec{v}_t \\ &= v_t\vec{e}_t \\ &= \frac{d\vec{r}}{ds}\frac{ds}{dt} = v\,\vec{e}_t \end{aligned}} \qquad (3.18)$$

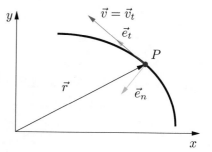

Beschleunigung:

$$\boxed{\begin{aligned} \vec{a} &= \vec{a}_t + \vec{a}_n \\ &= a_t\vec{e}_t + a_n\vec{e}_n \\ &= \dot{v}\vec{e}_t + v\dot{\vec{e}}_t \end{aligned}} \qquad (3.19)$$

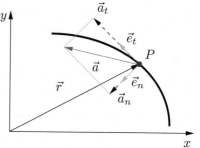

Sonderfall: Schiefer Wurf

Beim schiefen Wurf wird der Körper unter dem Winkel α von der Höhe h mit der Geschwindigkeit v_0 geworfen. Waagerechter und senkrechter Wurf sind Sonderfälle.

Für die Beschreibung der Bewegung wird das kartesische Koordinatensystem benutzt.

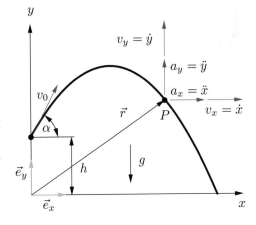

$$\ddot{x} = 0 \qquad\qquad \ddot{y} = -g$$

$$\dot{x} = v_0 \cos\alpha \qquad\qquad \dot{y} = -g\,t \;\; + v_0 \sin\alpha$$

$$x = v_0 \cos\alpha\, t \qquad\qquad y = -g\,\frac{t^2}{2} + v_0 \sin\alpha\, t + h$$

Aus $x(t)$ und $y(t)$ folgt durch Elimination der Zeit die Bahngleichung

$$y\,(x) = -\frac{g}{2}\,\frac{x^2}{v_0^2\,\cos^2\alpha} + x\,\tan\alpha + h \qquad . \qquad (3.20)$$

Beachte:

■ Als einzige Beschleunigung wirkt die konstante Erdbeschleunigung in negative $\vec{e}_y$-Richtung, d. h. $a_y = -g$.

Tipp:

◆ Wird die erste Ableitung der Bahngeschwindigkeit Null gesetzt, kann die Stelle x bestimmt werden, an der die Wurfhöhe maximal ist.

◆ Die maximale Wurfweite folgt aus der Bedingung $y = -h$.

Sonderfall: Gleichmäßig beschleunigte Kreisbewegung

Der Körper startet bei $\varphi = \varphi_0$ mit der Geschwindigkeit v_0 und erfährt in Bahnrichtung die konstante Beschleunigung $a_\varphi = a_0$. Für die Beschreibung der Bewegung wird das Polarkoordinatensystem benutzt. Aus der Anfangsgeschwindigkeit v_0 kann mittel $v = r\,\omega$ die Anfangswinkelgeschwindigkeit ω_0 bestimmt werden.

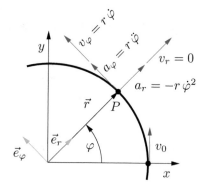

Im Folgenden werden die kinematischen Beziehungen für $\varphi, \dot{\varphi}, \ddot{\varphi}$ dargestellt. Daneben erfolgt die alternative Darstellung der genannten Größen mittels $\ddot{\varphi} = \alpha$ und $\dot{\varphi} = \omega$.

$$\ddot{\varphi} = \frac{a_0}{r} \qquad\qquad \alpha = \frac{a_0}{r}$$

$$\dot{\varphi} = \frac{a_0}{r}t + \frac{v_0}{r} \qquad\qquad \omega = \alpha t + \omega_0$$

$$\varphi = \frac{a_0}{r}\frac{t^2}{2} + \frac{v_0}{r}t + \varphi_0 \qquad\qquad \varphi = \alpha\frac{t^2}{2} + \omega_0 t + \varphi_0$$

Mit der Drehzahl n, Anzahl der Umdrehungen pro Zeiteinheit, gilt der Zusammenhang:

$$\boxed{\omega = 2\pi\,n} \qquad . \qquad (3.21)$$

Beachte:

■ Der Radius r ist konstant, d. h. es gilt $\dot{r} = 0$, $\ddot{r} = 0$.

■ Neben der radialen Beschleunigung a_r wirkt die konstante Beschleunigung a_0 in $\vec{e}_\varphi$-Richtung, wobei $a_\varphi = a_0 = r\,\ddot{\varphi}$ gilt.

■ Bei der Bewegung auf der Kreisbahn hat der Körperpunkt die tangential zur Bahn gerichtete Geschwindigkeit $v = r\omega$.

3.2 Kinematik des starren Körpers

3.2.1 Definitionen und Begriffe

Translation

Die durch die Verbindung zweier Punkte auf dem starren Körper erzeugten Geraden sind zu allen Zeiten parallel.
Die Bahnkurven aller Punkte sind deckungsgleich, müssen aber keine Gerade sein.

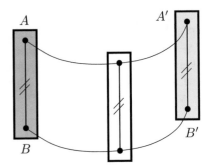

Beachte:

■ Die Geschwindigkeiten und Beschleunigungen aller Punkte des Körpers sind identisch. Damit ist für die Beschreibung des Körpers ein Punkt ausreichend und die Kinematik des Körperpunktes ist anwendbar.

Translation und Rotation

Die allgemeine Bewegung kann in eine Translation und eine Rotation zerlegt werden. Je nach Wahl des Bezugspunktes, z. B. A oder B, sind verschiedene Bewegungsabläufe möglich.
Die Bahnkurven der Punkte sind verschieden.

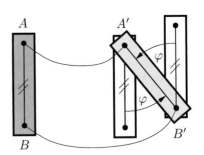

Beachte:

■ Der Winkel φ ist in beiden Fällen identisch. Gleiches gilt für die Winkelgeschwindigkeit $\dot{\varphi}$. Beide Größen sind damit vom Bezugspunkt unabhängig und gelten für den gesamten, starren Körper.

3.2.2 Rotation um eine raumfeste Achse

| Rotiert ein starrer Körper um eine raumfeste Achse, so bewegen sich alle Punkte des Körpers auf Kreisbahnen.

Der Körper rotiert um die durch O und K gehende Achse. Der Winkelgeschwindigkeitsvektor $\vec{\omega}$ liegt auf dieser Achse. Über die Rechte-Hand-Regel ist, analog zum Momentenvektor, die Drehrichtung festgelegt. Für den Geschwindigkeitsvektor $\vec{v}$ und den Beschleunigungsvektor $\vec{a}$ von P gilt:

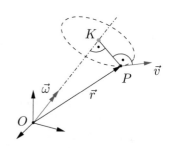

$$\vec{v} = \vec{\omega} \times \vec{r}$$
$$\vec{a} = \dot{\vec{\omega}} \times \vec{r} + \vec{\omega} \times (\vec{\omega} \times \vec{r}) \tag{3.22}$$

Rotation in der x, y-Ebene um die z-Achse
Die Rotationsachse geht durch A und steht senkrecht auf der x, y-Ebene. Bei Nutzung von Polarkoordinaten gilt:

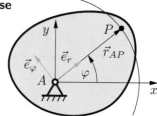

$$\vec{r} = r_{AP}\, \vec{e}_r$$
$$\vec{v} = r_{AP}\, \omega \vec{e}_\varphi$$
$$\vec{a} = r_{AP}\, \dot{\omega}\, \vec{e}_\varphi - r_{AP}\, \omega^2 \vec{e}_r \tag{3.23}$$

Tipp:
◆ Die konkrete Position des Punktes P zum Zeitpunkt t im raumfesten, kartesischen Koordinatensystem kann bei bekanntem Winkel φ mit

$$x(t) = r_{AP} \cos \varphi(t) \quad \text{und} \quad y(t) = r_{AP} \sin \varphi(t)$$

bestimmt werden.

3.2.3 Allgemeine ebene Bewegung

Für die Beschreibung der Bewegung wird diese in Translation und Rotation zerlegt.

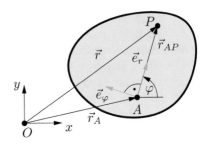

Ein sinnvoll gewählter Punkt A dient als Bezugspunkt für die Translation. Die Rotation erfolgt um die durch A gehende, senkrecht auf der Ebene stehende Achse.
Der Punkt A wird mit der bereits ausführlich behandelten Kinematik des Körperpunktes beschrieben. Die Rotation um A entspricht exakt der im Abschnitt zuvor behandelten Rotation um eine raumfeste Achse.

$$\vec{r} = \vec{r}_A + \vec{r}_{AP}$$
$$\vec{v} = \dot{\vec{r}}_A + \omega\vec{e}_z \times \vec{r}_{AP} \, , \qquad \vec{v} = \dot{\vec{r}}_A + r_{AP}\omega\vec{e}_\varphi$$
$$\vec{a} = \ddot{\vec{r}}_A + \dot{\omega}\vec{e}_z \times \vec{r}_{AP} - \omega^2\vec{r}_{AP} \, , \quad \vec{a} = \ddot{\vec{r}}_A + r_{AP}\dot{\omega}\vec{e}_\varphi - r_{AP}\omega^2\vec{e}_r$$

(3.24)

Beachte:

■ Der starre Körper in der Ebene besitzt 3 Freiheitsgrade. Diese können mit x_A, y_A und φ beschrieben werden.

■ Der Winkel φ für die Rotation ist unabhängig vom gewählten Bezugspunkt.

■ Wird als Bezugspunkt A ein Punkt der Ebene gewählt für den $v_A = 0$ gilt, so kann v direkt aus $r_{AP}\,\omega$ bestimmt werden. Ein solcher Punkt existiert immer. Er wird Momentanpol genannt.

Momentanpol

> Der Momentalpol M eines Körpers ist der Punkt der Ebene, für den
> zum Zeitpunkt t gilt $v_{trans} + v_{rot} = 0$.

Damit lässt sich die allgemeine ebene Bewegung zum Zeitpunkt t als
reine Rotation um den Momentanpol M beschreiben.

Allgemeine Darstellung:

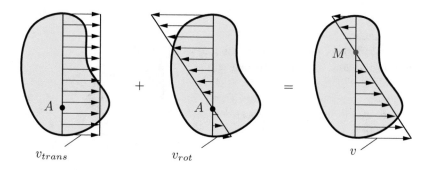

Spezielle Darstellung für das schlupffrei rollende Rad:

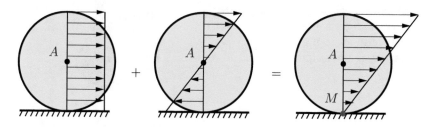

Beachte:

■ Der Momentanpol ändert bei einer allgemeinen ebenen Bewegung
ständig seine Lage.

■ Der Momentanpol muss kein Punkt des Körpers sein.

Regeln zum Auffinden des Momentanpols

Beim schlupffreien Rollen, auch rei-
nes Rollen genannt, ist immer der
Berührungspunkt zwischen Körper
und Unterlage der Momentanpol.

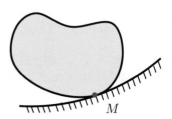

Bei bekannten, nichtparallelen
Geschwindigkeitsrichtungen in den
Punkten A und B sind zunächst in
A und B die Senkrechten zu den
Geschwindigkeiten zu erzeugen. Der
Schnittpunkt dieser Senkrechten ist
der Momentanpol.

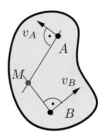

Bei bekannten, parallelen Geschwin-
digkeitsrichtungen müssen zusätz-
lich noch Richtung und Größe der
Geschwindigkeit bekannt sein. Der
Momentanpol kann dann mit dem
Strahlensatz bestimmt werden.

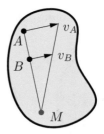

Bei Geschwindigkeiten mit parallelen, gleichen Richtungen und glei-
cher Größe liegt der Momentanpol
im Unendlichen. Es liegt dann eine
reine Translation vor.

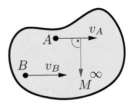

Geschwindigkeitsbestimmung mittels Momentanpol

Sind die Geschwindigkeit eines Körperpunktes A und der Momentanpol bekannt, so kann mittels

$$\frac{v_A}{r_A} = \frac{v_B}{r_B}$$

(3.25)

die Geschwindigkeit eines beliebigen Körperpunktes B bestimmt werden. Dabei sind r_A und r_B die Abstände zwischen dem Momentanpol und den Punkten A und B. Die im folgenden dargestellten Beispiele zeigen die Anwendung von Gl. (3.25).

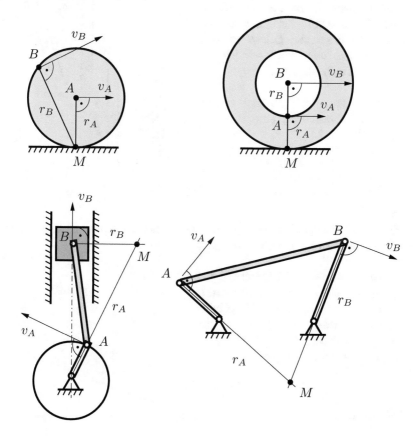

3.3 Kinetik des starren Körpers

Die Kinetik untersucht die Bewegung eines starren Körpers infolge des Einflusses äußerer Lasten.

3.3.1 Definitionen und Begriffe

Translatorische Bewegung und der Begriff "Massenpunkt"

Wirken keine äußeren Momente, oder ist deren Summe Null, und geht die Wirkungslinie der resultierenden Kraft F_R durch den Schwerpunkt S des Körpers, so wird dieser sich rein translatorisch bewegen.

Ist dies nicht der Fall, tritt zusätzlich zur Translation eine Rotation auf.

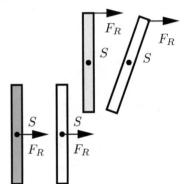

Beachte:
■ Wird der Begriff "Massenpunkt" verwendet, so entspricht dieser einem starren Körper bei einer reinen Translation.

Körper, Masse und Massenträgheitsmoment

Ein Körper ist durch einen Schnitt, welcher diesen von seiner Umgebung trennt, definiert. Die Masse m des Körpers mit dem Volumen V ist bei konstanter Dichte ρ über

$$m = \rho\, V$$

definiert.

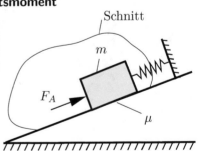

Die Masse ist das Maß für die translatorische Trägheit des Körpers. Das
Maß für die rotatorische Trägheit
des Körpers ist das Massenträgheitsmoment

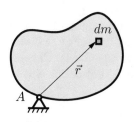

$$J_A = \int r^2 dm \quad .$$

Beachte:
■ Der Index A bei J_A kennzeichnet die durch A gehende Rotationsachse.

Lasten
Lasten sind die auf den Körper einwirkenden Kräfte und Momente. Es
wird unterschieden in

- eingeprägte Lasten und

- Reaktionen.

Eingeprägte Lasten sind z. B. Kräfte infolge Gravitation, Magnetismus,
Fliehkraft, Gleitreibung, Strömungswiderstand sowie Kräfte und Momente aus am Körper montierten Federn und Dämpfern.
Reaktionen sind z. B. Kräfte infolge Lagerungen, Führungen und Kontakt.

Für Federn und Dämpfer gilt bei Verlängerung der links dargestellte Fall
und bei Verdrehung der rechts dargestellte Fall.

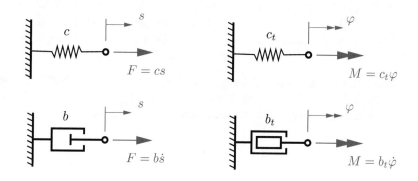

Arbeit, Leistung

Um einen Körper zu bewegen, muss Arbeit verrichtet werden. Die Arbeit W ist das Produkt aus Kraft und Weg bzw. Moment und Winkel. Sie ist eine integrale Größe. Dagegen ist die Leistung P definiert als Arbeit pro Zeiteinheit und damit eine momentane Größe. Allgemein gilt:

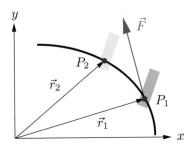
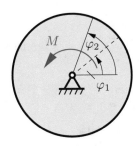

$$W = \int_{\vec{r}_1}^{\vec{r}_2} \vec{F} \cdot d\vec{r}$$
$$P = \vec{F} \cdot \vec{v}$$

$$W = \int_{\varphi_1}^{\varphi_2} M d\varphi$$
$$P = M\omega \qquad\qquad (3.26)$$

Beachte:

■ Bei der translatorischen Bewegung (linke Seite von Gl. (3.26)) kennzeichnet der Punkt zwischen $\vec{F}$ und $d\vec{r}$ bzw. zwischen $\vec{F}$ und $\vec{v}$ das zu bildende Skalarprodukt. Dieses Skalarprodukt realisiert mathematisch die Forderung „Kraft in Richtung des Weges".

■ Bei der rotatorischen Bewegung (rechte Seite von Gl. (3.26)) können die Vektorpfeile über den Koordinaten von M, φ, ω entfallen, da der zugehörige Basisvektor in allen Fällen $\vec{e}_z$ ist.

Energie

Energie ist die Fähigkeit, Arbeit zu verrichten. Es wird hier unterschieden zwischen potentieller und kinetischer Energie.

Für die potentielle Energie U infolge einer Hochlage, einer Verlängerung und einer Verdrehung einer Feder gilt:

$$U = mgh \ , \quad U = \frac{1}{2}cs^2 \ , \quad U = \frac{1}{2}c_t\varphi^2 \qquad . \qquad (3.27)$$

Für die kinetische Energie T bei Translation und Rotation gilt:

$$T = \frac{1}{2}mv^2 \ , \quad T = \frac{1}{2}J\omega^2 \qquad . \qquad (3.28)$$

Impuls und Drehimpuls

Impuls $\vec{p}$ und Drehimpuls $\vec{L}$ sind vektorielle Größen, die Masse und Geschwindigkeit bzw. Massenträgheitsmoment und Winkelgeschwindigkeit vereinen. Für die reine Translation und die reine Rotation gilt jeweils:

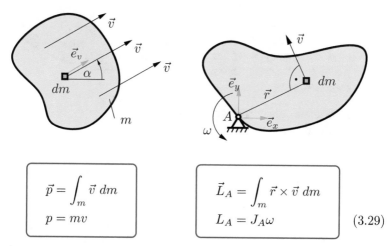

$$\vec{p} = \int_m \vec{v} \, dm$$
$$p = mv$$

$$\vec{L}_A = \int_m \vec{r} \times \vec{v} \, dm$$
$$L_A = J_A\omega \qquad (3.29)$$

Beachte:

■ Impuls und Drehimpuls können nicht zusammengefasst werden.

3.3.2 Reine Translation

▌ Die zeitliche Änderung des Impulses ist der einwirkenden Kraft proportional und erfolgt in Richtung der Kraft (2. Newtonsches Axiom).

Impulsbilanz

Das 2. Newtonsche Axiom ist äquivalent zur Impulsbilanz. Für die Impulsbilanz gilt mit $\dot{\vec{p}} = m\vec{a}$

$$\boxed{\vec{F}_R = \dot{\vec{p}}} \quad . \tag{3.30}$$

Dynamisches Kräftegleichgewicht

Vorgehen zum Aufstellen des dynamischen Kräftegleichgewichts:

- Einführung von Koordinaten
  Die positiven Richtungen sind dabei willkürlich.

- Eintragen der Impulsänderungen $m\ddot{x}_S, m\ddot{y}_S$
  Die Richtungen von $m\ddot{x}_S, m\ddot{y}_S$ sind entgegengesetzt zu den positiv definierten Koordinatenrichtungen einzutragen.

- Aufstellen des dynamischen Kräftegleichgewichts

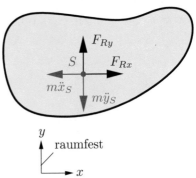

$$\boxed{F_{Rx} - m\ddot{x}_S = 0 \ , \quad F_{Ry} - m\ddot{y}_S = 0} \tag{3.31}$$

Beachte:

■ Die resultierende Kraft $\vec{F}_R$ geht durch den Schwerpunkt S.

■ Die Gln. (3.31) entsprechen bis auf die Glieder $m\ddot{x}_S$ und $m\ddot{y}_S$ denen des statischen Kräftegleichgewichts gemäß den Gln. (1.1).

■ Das dargestellte Vorgehen wird auch als „Prinzip von d'Alembert" bezeichnet.

■ Die Gleichgewichtsbeziehung wird auch als Bewegungsgleichung bezeichnet. Umstellen nach der Beschleunigung und Integration führt auf Geschwindigkeit und Ort.

■ Es wird zwischen freier und geführter Bewegung unterschieden. Bei der freien Bewegung muss nicht freigeschnitten werden. Bei der geführten Bewegung führt das Freischneiden auf die Führungskräfte.

Widerstandskräfte
Kräfte, die erst durch die Bewegung des Körpers entstehen, werden Widerstandskräfte genannt. Die am Körper angreifenden Widerstandskräfte sind entgegen der Bewegungsrichtung des Körpers gerichtet. Typische Beispiele sind Kräfte infolge von Gleitreibung und Luftwiderstand.

Konservative Kräfte
Kräfte, die entlang eines beliebigen, geschlossenen Weges keine Arbeit verrichten, werden konservative Kräfte genannt. Typische Beispiele sind die Gravitationskraft und die Federkraft. Konservative Kräfte werden auch Potentialkräfte genannt. Die entlang eines Weges von einer solchen Kraft verrichtete Arbeit entspricht der Änderung der zugehörigen potentiellen Energie.

Dissipative Kräfte
Die von dissipativen Kräften entlang eines Weges verrichtete Arbeit wird in Wärme gewandelt. Ein typisches Beispiel ist die Kraft infolge Gleitreibung.

3.3.3 Reine Rotation

> Die zeitliche Änderung des Drehimpulses ist dem einwirkenden Moment proportional und erfolgt in Richtung des Moments.

Drehimpulsbilanz
Obige Aussage ist äquivalent zur Drehimpulsbilanz. Für die Drehimpulsbilanz gilt mit $\dot{L} = J\ddot{\varphi}$

$$\vec{M}_G = \dot{\vec{L}}$$. (3.32)

Dynamisches Momentengleichgewicht
Vorgehen zum Aufstellen des dynamischen Momentengleichgewichts:

- Einführung der rotatorischen Koordinate
  Die positive Richtung ist dabei willkürlich.

- Eintragen der Drehimpulsänderung $J_A\ddot{\varphi}$
  Die Richtung von $J_A\ddot{\varphi}$ ist entgegengesetzt zu der positiv definierten Koordinatenrichtung einzutragen.

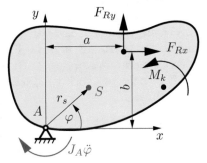

- Aufstellen des dynamischen Momentengleichgewichts

$$M_G^A - J_A\ddot{\varphi} = 0$$ (3.33)

Beachte:
- Die Gl. (3.33) entspricht bis auf das Glied $J_A\ddot{\varphi}$ dem Momentengleichgewicht aus der Statik gemäß Gl. (1.2).

- Die Integration der Bewegungsgleichung (3.33) führt auf die Winkelgeschwindigkeit $\dot{\varphi}$ und den Winkel φ.

Massenträgheitsmomente von speziellen Körpern

Stab

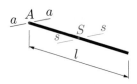

$$J_S = \frac{ml^2}{12}$$

$$J_A = \frac{ml^2}{3}$$

Zylinder

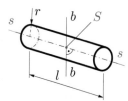

$$J_S = \frac{mr^2}{2}$$

$$J_B = \frac{m}{12}\left(3r^2 + l^2\right)$$

Hohlzylinder

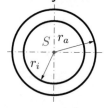

$$J_S = \frac{1}{2}m\left(r_a^2 + r_i^2\right)$$

Kugel

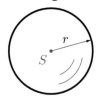

$$J_S = \frac{2}{5}mr^2$$

Satz von Steiner

Ein auf die durch den Schwerpunkt S gehende z-Achse bezogenes Massenträgheitsmoment J_S kann mit

$$\boxed{J_A = J_S + r_S^2 m} \qquad (3.34)$$

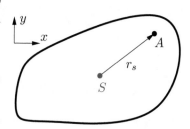

auf eine durch den beliebigen Punkt A verlaufende z-Achse transformiert werden.

3.3.4 Allgemeine ebene Bewegung

Die zeitliche Änderung des Impulses ist der einwirkenden Kraft proportional und erfolgt in Richtung der Kraft.
Die zeitliche Änderung des Drehimpulses ist dem einwirkenden Moment proportional und erfolgt in Richtung des Momentes.

Impuls- und Drehimpulsbilanz
Obige Aussage ist die Zusammenfassung von Translation und Rotation. Dementsprechend müssen die Bilanzen (3.30) und (3.32) gleichzeitig erfüllt sein

$$\vec{F}_R = \dot{\vec{p}}, \qquad \vec{M}_G = \dot{\vec{L}} \qquad . \tag{3.35}$$

Dynamisches Kräfte- und Momentengleichgewicht
Vorgehen zum Aufstellen des dynamischen Gleichgewichts:

- Einführung der translatorischen und rotatorischen Koordinaten

- Eintragen der Impulsänderungen $m\ddot{x}_S, m\ddot{y}_S$ und der Drehimpulsänderung $J_A\ddot{\varphi}$

- Aufstellen des dynamischen Kräfte- und Momentengleichgewichts

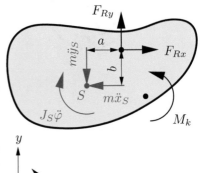

$$F_{Rx} - m\ddot{x}_S = 0\,, \quad F_{Ry} - m\ddot{y}_S = 0\,, \quad M_G^S - J_S\ddot{\varphi} = 0 \tag{3.36}$$

Beachte:
■ Die Gln. (3.36) entsprechen bis auf die Glieder $m\ddot{x}_S, m\ddot{y}_S$ und $J_S\ddot{\varphi}$ den Gleichgewichtsbedingungen der Statik gemäß Gln. (1.2).

Dynamische Gleichgewichtsbedingungen für zwei verschiedene Bezugspunkte

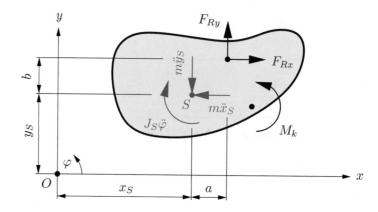

Beliebig bewegter Schwerpunkt S:

$$\rightarrow : F_{Rx} - m\ddot{x}_S = 0 \qquad \uparrow : F_{Ry} - m\ddot{y}_S = 0$$

$$\overset{\frown}{S} : F_{Ry}\, a - F_{Rx}\, b + \sum_{k=1}^{m} M_k - J_S\ddot{\varphi} = 0$$

Ursprung des raumfesten x, y-Systems O:

$$\rightarrow : F_{Rx} - m\ddot{x}_S = 0 \qquad \uparrow : F_{Ry} - m\ddot{y}_S = 0$$

$$\overset{\frown}{O} : F_{Ry}\,(x_S + a) - F_{Rx}\,(y_S + b) + \sum_{k=1}^{m} M_k - J_O\ddot{\varphi} = 0$$

$$\text{mit} \quad J_O = m\ddot{y}_S x_S - m\ddot{x}_S y_S + J_S$$

Beachte:

■ Das dynamische Kräftegleichgewicht ist unabhängig vom Bezugspunkt.

■ Das Massenträgheitsmoment J_O ist zeitabhängig, da sich die Position des Schwerpunktes, beschrieben durch x_S und y_S, ständig ändert.

■ Analog zum Punkt O kann ein beliebig in der Ebene bewegter Punkt als Bezugspunkt benutzt werden.

3.3.5 Impuls- und Drehimpulssatz

Das Zeitintegral über die Resultierende der äußeren Kräfte ist gleich der Impulsänderung $\Delta\vec{p}$. Das Zeitintegral über das Gesamtmoment ist gleich der Drehimpulsänderung $\Delta\vec{L}$.

$$\int_{t_1}^{t_2} \vec{F}_R \, dt = m\vec{v}_2^S - m\vec{v}_1^S, \quad \int_{t_1}^{t_2} \vec{M}_G^A \, dt = J_A\vec{\omega}_2 - J_A\vec{\omega}_1 \qquad (3.37)$$

Geradlinige Translation infolge einer Kraft

$$\int_{t_1}^{t_2} F(t) \, dt = mv_2 - mv_1$$

Ist die Kraft F konstant, vereinfacht sich die Darstellung mit $t_2 - t_1 = \Delta t$ und $v_2 - v_1 = \Delta v$ zu

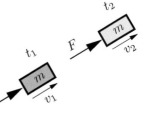

$$F\Delta t = m\Delta v \qquad . \qquad (3.38)$$

Rotation um eine feste Achse infolge eines Moments

$$\int_{t_1}^{t_2} M(t) \, dt = J_A\omega_2 - J_A\omega_1$$

Ist das Moment M konstant, vereinfacht sich die Darstellung mit $t_2 - t_1 = \Delta t$ und $\omega_2 - \omega_1 = \Delta\omega$ zu

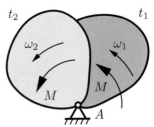

$$M\Delta t = J_A\Delta\omega \qquad . \qquad (3.39)$$

Beachte:
■ Impulssatz und Drehimpulssatz gelten unabhängig voneinander.

Tipp:
◆ Impulssatz bzw. Drehimpulssatz kommen in der Regel bei Fragestellungen zum Einsatz, in denen die Zeit eine Rolle spielt.

3.3.6 Arbeitssatz, Energieerhaltungssatz

> Die Summe aus potentieller und kinetischer Energie eines Systems im Zustand ② ist gleich der Summe aus potentieller und kinetischer Energie im Zustand ① plus der von ① nach ② am System verrichteten Arbeit.

$$U_2 + T_2 = U_1 + T_1 + W \qquad (3.40)$$

Die Gl. (3.40) wird als Arbeitssatz bezeichnet. Wird am System keine Arbeit verrichtet, d. h. $W = 0$, dann wird dieser Sonderfall als Energieerhaltungssatz oder kurz Energiesatz bezeichnet.

Vorgehen zum Aufstellen des Arbeitssatzes:

- Definition der Zustände ① und ②

- Festlegung eines Nullpotentials NP als Bezug für die potentielle Energie

- Ermittlung der am System von ① nach ② verrichteten Arbeit W

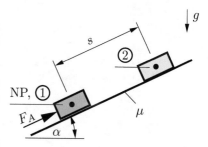

- Aufstellen des Arbeitssatzes gemäß Gl. (3.40)

Beachte:
■ Die von Antrieben verrichtete Arbeit geht positiv in W ein, die von Abtrieben sowie Reibarbeit dagegen negativ.

Tipp:
◆ Das Nullpotential ist so zu wählen, dass im Zustand ① $U_1 = 0$ ist. Die Berechnung verkürzt sich dadurch.

3.4 Kinetik von Mehrkörpersystemen mit dem Freiheitsgrad 1

Starre Körper, welche durch dehnstarre Seile, Führungen oder Gelenke verbunden sind, werden als Mehrkörpersysteme (MKS) bezeichnet.

Lassen sich alle zur Beschreibung der Körper eingeführten Koordinaten mittels Bindungsgleichungen durch eine einzige Koordinate ausdrücken, besitzt das System den Freiheitsgrad 1.

3.4.1 Spezielle Bindungsgleichungen

Seilwinde und lose Rolle: Stufenrolle:

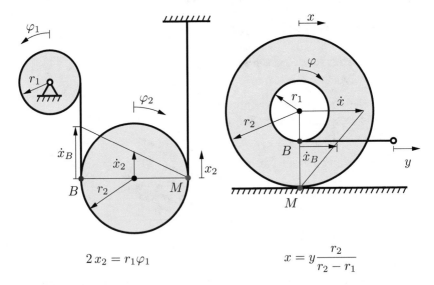

$$2\,x_2 = r_1 \varphi_1 \qquad\qquad x = y\,\frac{r_2}{r_2 - r_1}$$

Tipp:

◆ Bindungsgleichungen können mit Hilfe einer Momentanpolbetrachtung gemäß Gl.(3.25) gewonnen werden. Bei obigen Beispielen wurde diese Vorgehensweise benutzt. Der Punkt M ist dabei der Momentanpol.

3.4.2 Bewegungsgleichung mittels dynamischem Gleichgewicht

Vorgehen am Beispiel der Seilwinde:

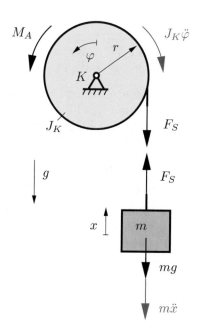

- Einführung von Koordinaten und Formulierung von Bindungsgleichungen

- Freischneiden und Schnittreaktionen eintragen

- Eintragen der Impuls- und Drehimpulsänderungen entgegengesetzt zu den positiven Koordinatenrichtungen

- Aufschreiben des dynamischen Gleichgewichts pro Körper

- Elimination der Schnittreaktionen und Einarbeitung der Bindungsgleichungen

$$\stackrel{\curvearrowright}{K} : -J_K\ddot{\varphi} + M_A - F_S r = 0$$

$$\uparrow: -m\ddot{x} - mg + F = 0$$

$$x = r\varphi$$

$$\ddot{\varphi} = \frac{M_A - mgr}{J_K + mr^2}$$

Beachte:

■ Vorteil: Ein direkter Zugriff auf Schnittkräfte, z. B. im Seil, ist möglich.

■ Nachteil: Die Schnittkräfte müssen eliminiert werden.

3.4.3 Bewegungsgleichung mittels Arbeitssatz

Vorgehen am Beispiel der Seilwinde:

- Einführung von Koordinaten und Formulierung von Bindungsgleichungen

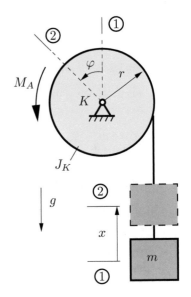

- Kennzeichnung der Zustände ① und ② (1-Start der Bewegung, 2-beliebige, durch Koordinaten beschriebene Lage)

- Bestimmung der von ① nach ② verrichteten Arbeit W

- Aufstellen des Arbeitssatzes und einsetzen der Bindungsgleichungen

- Ableiten des Arbeitssatzes nach der Zeit

$$U_2 + T_2 = K + W$$

$$mgx + m\frac{\dot{x}^2}{2} + J_K \frac{\dot{\varphi}^2}{2} = K + M_A \varphi$$

$$x = r\varphi \quad \text{bzw.} \quad \dot{x} = r\dot{\varphi}$$

$$mgr\dot{\varphi} + mr^2\dot{\varphi}\ddot{\varphi} + J_K\dot{\varphi}\ddot{\varphi} = M_A\dot{\varphi}$$

$$\ddot{\varphi} = \frac{M_A - mgr}{J_K + mr^2}$$

Beachte:
■ Die Energien $U_1 + T_1$ im Zustand ① werden in der Konstante K zusammengefasst.

Tipp:
◆ Falls ein Antrieb vorhanden ist, ist die jeweilige Koordinate in Richtung der antreibenden Kraft bzw. des antreibenden Moments eintragen.

3.4.4 Zustandsvergleiche mittels Arbeitssatz

Vorgehen:

- Einführung von Koordinaten und Formulierung von Bindungsgleichungen

- Kennzeichnung der Zustände 1 und 2 (1- Nullpotential, 2- ausgelenkte Lage)

- Bestimmung der von 1 nach 2 verrichteten Arbeit

- Aufstellen des Arbeitssatzes und einsetzen der Bindungsgleichungen

- Umstellen des Arbeitssatzes nach der gesuchten Größe

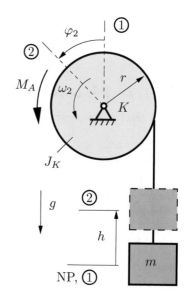

$$U_1 + T_1 + W = U_2 + T_2$$

$$0 + 0 + M_A\varphi_2 = mgh + m\frac{v_2^2}{2} + J_K\frac{\omega_2^2}{2}$$

$$v_2 = r\omega_2 \qquad \varphi_2 = \frac{h}{r}$$

$$M_A\frac{h}{r} = mgh + \frac{mr^2}{2}\omega_2^2 + J_K\frac{\omega_2^2}{2}$$

$$\omega_2 = \sqrt{\frac{2h\left(M_A/r - mg\right)}{J_K + mr^2}}$$

Beachte:

■ Zustandsvergleiche liefern keine Zeitfunktionen von Ort oder Geschwindigkeit. Sie sind aber ein einfacher Weg, wenn es nur um die Bestimmung der Geschwindigkeit bei Erreichen eines bestimmten Ortes oder umgekehrt geht.

3.5 Schwingungen mit dem Freiheitsgrad 1

▐ Mehrkörpersysteme mit elastischen Bindungen sind schwingungsfähig.

3.5.1 Definitionen und Begriffe

Periodische Schwingung

▐ Wiederholt sich der zeitliche Verlauf der Bewegungskoordinate $q(t)$ regelmäßig, so wird die Schwingung als periodisch bezeichnet.

Für eine periodische Schwingung gilt:

$$q(t + T) = q(t) \, ,$$

wobei T die Periodendauer ist.

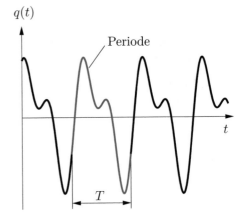

Die Frequenz

$$\boxed{f = \frac{1}{T}} \tag{3.41}$$

repräsentiert die Anzahl der Schwingungen pro Zeiteinheit.

Beachte:

■ Die Bewegungskoordinate $q(t)$ steht für eine Verschiebung, z. B. $x(t)$, oder eine Verdrehung, z. B. $\varphi(t)$.

■ Eine periodische Schwingung entsteht durch Überlagerung von mindestens zwei harmonischen Schwingungen.

Harmonische Schwingung

Entspricht der zeitliche Verlauf der Bewegungskoordinate $q(t)$ einer Sinus- oder Cosinusfunktion, so wird die Schwingung als harmonisch bezeichnet.

Für eine harmonische Schwingung gilt:

$$q(t) = C \cos(\omega_0 t - \varphi_0) \,,$$

wobei C die Amplitude, ω_0 die Kreisfrequenz und φ_0 der Nullphasenwinkel sind.

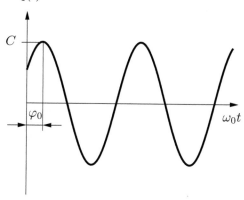

Zwischen der Kreisfrequenz ω_0 und der Frequenz f besteht der Zusammenhang

$$\boxed{\omega_0 = 2\pi f} \quad . \tag{3.42}$$

Eine alternative Darstellung für $q(t)$ ist

$$\boxed{q(t) = A \cos \omega_0 t + B \sin \omega_0 t} \quad , \tag{3.43}$$

wobei gilt

$$\boxed{C = \sqrt{A^2 + B^2} \,, \qquad \varphi_0 = \arctan \frac{B}{A}} \quad . \tag{3.44}$$

Beachte:

■ Je nach Darstellung sind die Konstanten A, B bzw. C und φ_0 aus den Anfangsbedingungen zu bestimmen.

3.5.2 Freie ungedämpfte Schwingung

Das System wird durch die Anfangsbedingungen

$$x(t = 0) = x_0, \quad \dot{x}(t = 0) = v_0$$

erregt.

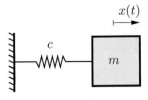

Das dynamische Gleichgewicht liefert

$$\ddot{x} + \omega_0^2 x = 0 \tag{3.45}$$

mit

$$\omega_0^2 = \frac{c}{m} \quad .$$

Für die Lösung der DGL (3.45) gibt es die alternativen Darstellungen

$$x(t) = A\cos\omega_0 t + B\sin\omega_0 t, \quad x(t) = C\cos(\omega_0 t - \varphi_0) \quad . \tag{3.46}$$

Die aus den Anfangsbedingungen zu bestimmenden Konstanten A, B
bzw. C und φ_0 können gemäß

$$C = \sqrt{A^2 + B^2}, \qquad \varphi_0 = \arctan\frac{B}{A}$$

umgerechnet werden.

Mit obigen Anfangsbedingungen gilt

$$A = x_0, \qquad B = \frac{v_0}{\omega_0} \quad .$$

Grafische Darstellung der Bewegungskoordinate $x(t)$:

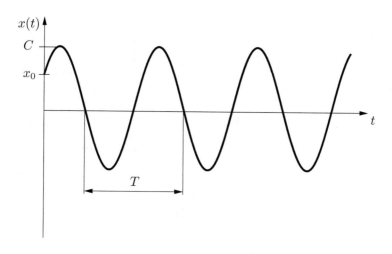

Beachte:

■ Die freie ungedämpfte Schwingung ist eine harmonische Schwingung.

Tipp:

◆ Aus einer gemessenen Bewegungskoordinate $x(t)$ einer harmonischen Schwingung kann problemlos die Periodendauer T abgelesen werden. Anschließend kann die Eigenfrequenz des Systems mit $\omega_0 = 2\pi/T$ bestimmt werden.

3.5.3 Freie gedämpfte Schwingung

Das System wird durch die Anfangsbedingungen

$$x(t = 0) = x_0 , \quad \dot{x}(t = 0) = v_0$$

erregt.

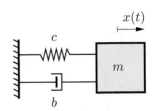

Das   dynamische   Gleichgewicht
liefert

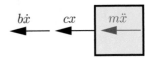

$$\ddot{x} + 2\delta\dot{x} + \omega_0^2 x = 0 \qquad (3.47)$$

mit

$$2\delta = \frac{b}{m} \quad \text{und} \quad \omega_0^2 = \frac{c}{m} \quad .$$

Für die Lösung $x(t)$ der DGL (3.47) gibt es zwei mögliche Darstellungen.

$$x(t) = e^{-\delta t} \left(A \cos\omega_D t + B \sin\omega_D t \right)$$
$$x(t) = e^{-\delta t} C \cos(\omega_D t - \varphi_0) \qquad (3.48)$$

Die aus den Anfangsbedingungen zu bestimmenden Konstanten A, B
bzw. C und φ_0 können gemäß

$$C = \sqrt{A^2 + B^2} , \qquad \varphi_0 = \arctan\frac{B}{A}$$

umgerechnet werden.

Mit obigen Anfangsbedingungen gilt

$$A = x_0 , \qquad B = \frac{v_0}{\omega_D} \quad .$$

Grafische Darstellung der Bewegungskoordinate $x(t)$:

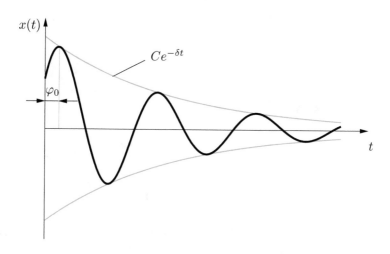

Für die Eigenfrequenz des gedämpften Systems ω_D gilt

$$\omega_D = \omega_0 \sqrt{1 - D^2}$$

mit dem Lehrschen Dämpfungsmaß

$$D = \frac{\delta}{\omega_0} \quad .$$

Beachte:

■ Selbst bei starker Dämpfung ist der Unterschied zwischen ω_0 und ω_D gering.

■ Die Situation, für welche gilt $D = 1$ wird aperiodischer Grenzfall genannt.

Tipp:

◆ Aus einer gemessenen Bewegungskoordinate $x(t)$ einer gedämpften harmonischen Schwingung kann die, für die Dämpfung verantwortliche Konstante δ bestimmt werden, indem die Funktion $Ce^{-\delta t}$ den Maximalwerten der abklingenden Schwingung angepasst wird.

3.5.4 Erzwungene ungedämpfte Schwingung

Das System wird permanent durch
eine harmonische Kraft

$$F(t) = F_0 \cos \Omega t$$

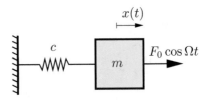

erregt, wobei F_0 die Amplitude und
Ω die Frequenz der Erregerkraft
sind.

Das dynamische Gleichgewicht
liefert

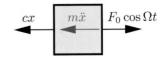

$$\ddot{x} + \omega_0^2 x = \omega_0^2 x_0 \cos \Omega t \qquad (3.49)$$

mit

$$\omega_0^2 = \frac{c}{m} \quad \text{und} \quad x_0 = \frac{F_0}{c} \quad .$$

Die Lösung $x(t)$ der DGL (3.49) setzt sich additiv aus der schnell abklingenden homogenen Lösung x_h und der partikulären Lösung

$$x_p = x_0 V \cos \Omega t \qquad (3.50)$$

zusammen. Dabei ist V die von der Erregerfrequenz abhängige Vergrößerungsfunktion

$$V = \frac{1}{1 - \eta^2} \qquad (3.51)$$

mit dem Abstimmungsverhältnis

$$\eta = \frac{\Omega}{\omega_0} \qquad . \qquad (3.52)$$

Grafische Darstellung der Vergrößerungsfunktion $V(\eta)$:

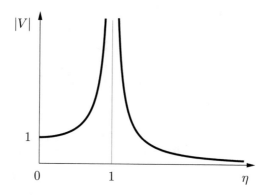

Beachte:

■ Wenn die Erregerfrequenz Ω gleich der Eigenfrequenz ω_0 des Systems ist, dann geht V gegen unendlich. Dieser Fall wird Resonanz genannt und ist für technische Systeme kritisch.

3.5.5 Erzwungene gedämpfte Schwingung

Das System wird permanent durch eine harmonische Kraft

$$F(t) = F_0 \cos \Omega t$$

erregt, wobei F_0 die Amplitude und Ω die Frequenz der Erregerkraft sind.

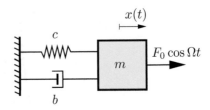

Das dynamische Gleichgewicht liefert

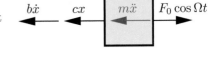

$$\ddot{x} + 2\delta\dot{x} + \omega_0^2 x = \omega_0^2 x_0 \cos \Omega t \qquad (3.53)$$

mit

$$\omega_0^2 = \frac{c}{m}, \quad 2\delta = \frac{b}{m} \quad \text{und} \quad x_0 = \frac{F_0}{c} \quad .$$

Die Lösung $x(t)$ der DGL (3.53) setzt sich additiv aus der schnell abklingenden homogenen Lösung x_h und der partikulären Lösung

$$x_p = x_0 V \cos(\Omega t - \beta) \qquad (3.54)$$

zusammen. Dabei ist V die von der Erregerfrequenz abhängige Vergrößerungsfunktion

$$V = \frac{1}{\sqrt{(1 - \eta^2)^2 + 4D^2\eta^2}} \qquad (3.55)$$

und β die Phasenverschiebung

$$\beta = \arctan\left(\frac{2D\eta}{1 - \eta^2}\right) \qquad . \qquad (3.56)$$

Grafische Darstellung der Vergrößerungsfunktion $V(\eta)$ und der Phasenverschiebung $\beta(\eta)$:

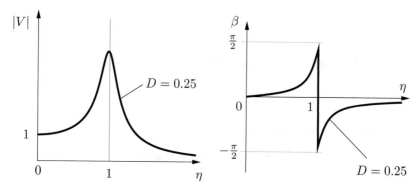

Beachte:

■ Die Phasenverschiebung β beschreibt die zeitliche Differenz zwischen Erregung und und Antwort des Systems.

■ Für das hier verwendete Lehrsche Dämpfungsmaß D und die die Eigenkreisfrequenz des gedämpften Systems ω_D gelten die im Abschnitt 3.5.3 eingeführten Beziehungen.

3.6 Stoßvorgänge

Als Stoß wird das Aufeinandertreffen zweier Körper bezeichnet, wobei sich eine Bewegungsänderung ergibt.

3.6.1 Definitionen, Begriffe

Annahmen
- Die Dauer des Stoßvorganges t_s ist sehr klein.
- Die Deformationen der Körper sind sehr klein.
- Die Kräfte an der Stoßstelle sind sehr groß.

Berührungsgerade
Die Berührungsgerade geht durch den Berührungspunkt und ist dort jeweils tangential zur Oberfläche der beiden Körper.

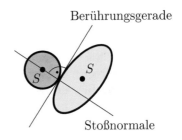

Stoßnormale
Die Stoßnormale geht durch den Berührungspunkt und steht senkrecht auf der Berührungsgerade.

Zentrischer Stoß
Die Stoßnormale geht durch die Schwerpunkte beider Körper.

Exzentrischer Stoß
Die Stoßnormale geht nicht durch die Schwerpunkte beider Körper.

Gerader Stoß
Die Richtungen der Geschwindigkeiten im Berührungspunkt stimmen mit der Stoßnormalen überein.

Schiefer Stoß
Die Richtungen der Geschwindigkeiten im Berührungspunkt stimmen nicht mit der Stoßnormalen überein.

Stoßphasen

vor dem Stoß   während des Stoßes   nach dem Stoß

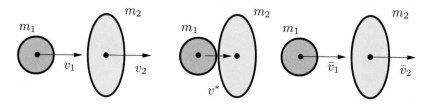

Stoßzahl

Dargestellt sind die freigeschnitte-
nen Körper während des Stoßes und
ein typischer Verlauf der Kontakt-
kraft F. Bei t^* ist das Ende der
Kompressionsphase erreicht. Zu diesem Zeitpunkt haben beide Körper
die Geschwindigkeit v^*. Der Zeitbe-
reich von t^* bis zum Ende des Stoßes
t_s beschreibt die Restitutionsphase.

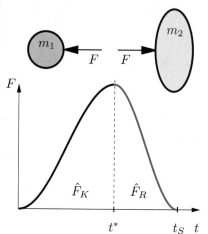

Die Stoßzahl e ist definiert über

$$e = \frac{\hat{F}_R}{\hat{F}_K}$$

mit

$$\hat{F}_K = \int_0^{t^*} F(t)\, dt \quad \text{und} \quad \hat{F}_R = \int_{t^*}^{t_S} F(t)\, dt \quad .$$

Beachte:

■ Ist der Stoß rein elastisch gilt $e = 1$.

■ Ist der Stoß rein plastisch gilt $e = 0$.

3.6.2 Gerader zentrischer Stoß

> Die Stoßnormale geht durch die Schwerpunkte der Körper und die Richtungen der Geschwindigkeiten stimmen mit der Stoßnormalen überein.

Von den vier Geschwindigkeiten $v_1, v_2, \bar{v}_1, \bar{v}_2$ sind zwei bekannt und zwei gesucht.

vor dem Stoß   nach dem Stoß

Es gilt die Impulserhaltung für das Gesamtsystem

$$m_1 v_1 + m_2 v_2 = m_1 \bar{v}_1 + m_2 \bar{v}_2 \qquad (3.57)$$

und für die Stoßzahl

$$e = -\frac{\bar{v}_1 - \bar{v}_2}{v_1 - v_2} \qquad . \qquad (3.58)$$

Beachte:
- Die zwei Gln.(3.57) und (3.58) dienen zur Bestimmung von zwei unbekannten Geschwindigkeiten.

Tipp:
- Alle Geschwindigkeitspfeile sind in eine Richtung einzuzeichnen. Die Bewegungsrichtung wird dann über das Vorzeichen geregelt.

3.6.3 Gerader exzentrischer Stoß

Die Stoßnormale geht nicht durch die Schwerpunkte beider Körper, aber die Richtungen der Geschwindigkeiten an der Stoßstelle stimmen mit der Stoßnormalen überein.

Von den vier Geschwindigkeiten $v_1, \omega_2, \bar{v}_1, \bar{\omega}_2$ sind zwei bekannt und zwei gesucht.

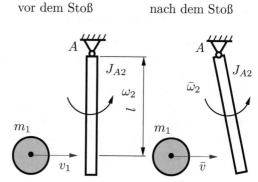

vor dem Stoß   nach dem Stoß

Es gilt die Drehimpulserhaltung für das Gesamtsystem

$$m_1 v_1\, l + J_{A2}\, \omega_2 = m_1 \bar{v}_1\, l + J_{A2}\, \bar{\omega}_2 \qquad (3.59)$$

und für die Stoßzahl

$$e = -\frac{\bar{v}_1 - l\, \bar{\omega}_2}{v_1 - l\, \omega_2} \; . \qquad (3.60)$$

Tipp:
◆ Alle Geschwindigkeitspfeile sind in eine Richtung und alle Winkelgeschwindigkeiten im Sinne der Rechten-Hand-Regel einheitlich einzutragen. Die jeweilige Bewegungsrichtung wird dann über das Vorzeichen geregelt.

3.7 Lagrangesche Gleichungen 2. Art

Lagrangesche Gleichungen 2. Art sind auf das Minimum reduzierte Bewegungsgleichungen. Sie enthalten keine Schnittreaktionen und gegebenenfalls vorhandene Zwangsbedingungen zwischen eingeführten Koordinaten sind bereits eingearbeitet.

3.7.1 Definitionen und Begriffe

Verallgemeinerte Koordinaten
Zur Beschreibung der Bewegung eines Körpers oder eines Mehrkörpersystems können zunächst beliebig viele Koordinaten für körperfeste Punkte und Linien eingeführt werden. Ist die Anzahl n dieser Koordinaten größer als der Freiheitsgrad f des Systems, so existieren $z = n - f$ Zwangsbedingungen. Werden diese z Zwangsbedingungen zur Elimination von Koordinaten genutzt, verbleiben genau f Koordinaten. Diese Koordinaten werden verallgemeinerte Koordinaten genannt und mit $q_i\,(i = 1 \ldots f)$ bezeichnet.

Beispiel: Wagen mit Pendelstab

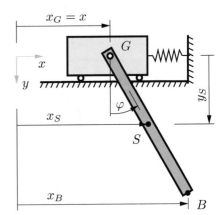

Es werden die Koordinaten x_G, x_S, y_S, x_B, φ eingeführt, d. h. $n = 5$, $f = 2$ und $z = 3$.

$$x_S = x + \frac{l}{2} \sin \varphi$$

$$y_S = \frac{l}{2} \cos \varphi$$

$$x_B = x + l \sin \varphi$$

$$q_1 = x, \quad q_2 = \varphi$$

Verallgemeinerte Lasten
Eingeprägte Lasten verrichten am System Arbeit. Der Arbeitszuwachs δW muss nach Einführung der verallgemeinerten Koordinaten q_i mit diesen formuliert werden.

$$\delta W = Q_1\,\delta q_1 + Q_2\,\delta q_2 + \ldots \qquad (3.61)$$

Die dabei eingeführten Größen Q_i werden als verallgemeinerte Lasten (Kräfte oder Momente) bezeichnet.

Vorgehen zur Bestimmung der verallgemeinerten Lasten am Beispiel Wagen mit Pendelstab:

- Formulierung des Arbeitszuwachses dW mit zu den eingeprägten Kräften passenden Koordinaten

$$dW = F_1 dx_G + F_2 dx_B$$

- Übergang zu verallgemeinerten Koordinaten

$$dx_G = \frac{\partial x_G}{\partial x} dx$$
$$dx_B = \frac{\partial x_B}{\partial x} dx + \frac{\partial x_B}{\partial \varphi} d\varphi$$

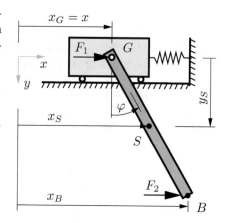

- Einsetzen der Differenziale dx_G, dx_B in dW und Ausklammern der verallgemeinerte Koordinaten

$$dW = (F_1 + F_2)\, dx + F_2 l \cos\varphi\, d\varphi$$

Da beim Bilden der Differenziale $t = konst.$ gehalten wurde, werden diese abschließend umbenannt und durch Vergleich mit Gl. (3.61) folgen die Ausdrücke für Q_1 und Q_2 aus

$$\delta W = (F_1 + F_2)\, \delta x + F_2 l \cos\varphi\, \delta\varphi$$
$$= Q_1\, \delta q_1 \qquad + Q_2\, \delta q_2 \quad .$$

Beachte:

■ Die dargestellte Vorgehensweise wird nur für Lasten angewendet, die kein Potential besitzen, d. h. für sogenannte nicht konservative Lasten. Lasten mit Potential, wie z. B. Gewichtskräfte und Federkräfte, werden über die potentielle Energie U berücksichtigt.

Lagrangesche Funktion

Als Lagrangesche Funktion L wird die Differenz von kinetischer Energie T und potentieller Energie U eines mechanischen Systems bezeichnet.

$$L = T - U \qquad (3.62)$$

3.7.2 Lagrangesche Gleichungen 2. Art mittels Lagrangescher Funktion

Basierend auf der Lagrangeschen Funktion L und den verallgemeinerten Lasten Q_i können die Lagrangeschen Gleichungen 2. Art unter Benutzung der verallgemeinerten Koordinaten q_i in der Form

$$\left(\frac{\partial L}{\partial \dot{q}_i}\right)^{\bullet} - \frac{\partial L}{\partial q_i} = Q_i \qquad i = 1 \dots f \qquad (3.63)$$

angegeben werden.

Vorgehen zum Aufstellung der Lagrangeschen Gleichungen 2. Art am Beispiel Wagen mit Pendelstab:

- Einführung der Koordinaten
  (hier x_G, x_S, y_S, x_B, φ)

- Ermittlung des Systemfreiheitsgrades f
  (hier $f = 2$)

- Festlegung der verallgemeinerten Koordinaten q_i
  (hier $q_1 = x$, $q_2 = \varphi$)

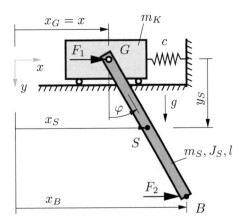

- Formulierung der kinematischen Zwangsbedingungen

$$x_S = x + \frac{l}{2}\sin\varphi \qquad y_S = \frac{l}{2}\cos\varphi \qquad x_B = x + l\sin\varphi$$

- Aufstellung der kinetischen Energie T in Abhängigkeit von $\dot{q}_i$

$$T = \frac{m_K\dot{x}^2}{2} + \frac{m_S}{2}\left(\dot{x}_S^2 + \dot{y}_S^2\right) + \frac{J_S}{2}\dot{\varphi}^2$$

$$T = \frac{m_K\dot{x}^2}{2} + \frac{m_S}{2}\left(\dot{x}^2 + l\,\dot{x}\,\dot{\varphi}\,\cos\varphi + \frac{l^2}{4}\dot{\varphi}^2\right) + \frac{J_S}{2}\dot{\varphi}^2$$

- Aufstellung der potentiellen Energie U in Abhängigkeit von q_i

$$U = \frac{1}{2}c\,x^2 - m_S\,g\frac{l}{2}\cos\varphi$$

- Formulierung der Lagrangschen Funktion $L = T - U$ und Bilden der benötigten Ableitungen gemäß Gl. (3.63)

$$L = \frac{m_K\dot{x}^2}{2} + \frac{m_S}{2}\left(\dot{x}^2 + l\,\dot{x}\,\dot{\varphi}\,\cos\varphi + \frac{l^2}{4}\dot{\varphi}^2\right) + \frac{J_S}{2}\dot{\varphi}^2$$
$$- \frac{1}{2}c\,x^2 + m_S\,g\frac{l}{2}\cos\varphi$$

i	q_i	$\frac{\partial L}{\partial q_i}$	$\frac{\partial L}{\partial \dot{q}_i}$
1	x	$-cx$	$m_K\dot{x} + m_S\dot{x} + \frac{1}{2}m_S l\dot{\varphi}\cos\varphi$
2	φ	$-\frac{1}{2}m_S l\dot{x}\dot{\varphi}\sin\varphi - \frac{1}{2}m_S\,g\,l\sin\varphi$	$\frac{1}{2}m_S l\dot{x}\cos\varphi + \frac{1}{4}m_S l^2\dot{\varphi} + J_S\dot{\varphi}$

- Bestimmung der verallgemeinerten Lasten Q_i

$$Q_1 = F_1\frac{\partial x_G}{\partial x} + F_2\frac{\partial x_B}{\partial x} = F_1 + F_2$$
$$Q_2 = F_1\frac{\partial x_G}{\partial \varphi} + F_2\frac{\partial x_B}{\partial \varphi} = F_2 l\cos\varphi$$

- Aufstellung der Bewegungsgleichungen mittels Gl. (3.63)

$$F_1 + F_2 = m_K \ddot{x} + m_S \ddot{x} + \frac{1}{2} m_S\, l \left(\ddot{\varphi} \cos \varphi - \dot{\varphi}^2 \sin \varphi \right) + cx$$

$$F_2 l \cos \varphi = \frac{m_S}{2} l \left(\ddot{x} \cos \varphi \right) + \frac{m_S}{4} l^2 \ddot{\varphi} + J_S \ddot{\varphi} + \frac{m_S}{2} gl \sin \varphi$$

Beachte:

■ Das System hat den Freiheitsgrad $f = 2$. Dementsprechend sind zwei Bewegungsgleichungen aufzustellen.

■ Die Ableitung der Bewegungsgleichung mittels Arbeitssatz gemäß Gl. (3.40) ist auf Systeme mit dem Freiheitsgrad $f = 1$ beschränkt.

3.8 Raumdynamik

3.8.1 Kinematik

Rotation um einen raumfesten Punkt
Die Bahnkurve eines Körperpunktes P
liegt auf der Oberfläche einer Kugel
mit dem Radius r und dem Mittel-
punkt K.
Der Körper rotiert mit der Winkelgeschwindigkeit $\vec{\omega}$ um seine momentane Drehachse, welche durch den raumfesten Punkt K geht. Die Winkelbeschleunigung $\vec{\alpha}$ ist die Zeitableitung
von $\vec{\omega}$, d. h. $\vec{\alpha} = \dot{\vec{\omega}}$.

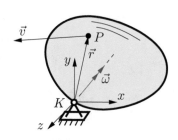

Für die Geschwindigkeit des Körperpunktes P gilt

$$\vec{v} = \vec{\omega} \times \vec{r}$$.   (3.64)

Mit der Winkelbeschleunigung $\vec{\alpha}$ gilt für die Beschleunigung von P

$$\vec{a} = \vec{\alpha} \times \vec{r} + \vec{\omega} \times (\vec{\omega} \times \vec{r})$$.   (3.65)

Allgemeine räumliche Bewegung
Der Körper rotiert mit der Winkelgeschwindigkeit $\vec{\omega}$ um den Punkt A und
besitzt die Winkelbeschleunigung $\vec{\alpha}$.
Der Punkt A hat die bekannte Geschwindigkeit $\vec{v}_A$ und die bekannte Beschleunigung $\vec{a}_A$.

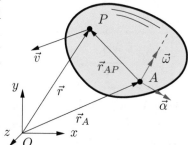

Ausgehend vom Ursprung O des raumfesten Koordinatensystems gilt für den Ortsvektor zum Körperpunkt P

$$\vec{r} = \vec{r}_A + \vec{r}_{AP}$$.   (3.66)

Unter Nutzung von Gl. (3.64) gilt für die Geschwindigkeit von P

$$\vec{v} = \vec{v}_A + \vec{\omega} \times \vec{r}_{AP}$$ (3.67)

und mit Gl. (3.65) für die Beschleunigung von P

$$\vec{a} = \vec{a}_A + \vec{\alpha} \times \vec{r}_{AP} + \vec{\omega} \times (\vec{\omega} \times \vec{r}_{AP})$$.   (3.68)

Beachte:
■ Im Gegensatz zur allgemeinen ebenen Bewegung haben die Vektoren $\vec{\omega}$ und $\vec{\alpha}$ nicht dieselbe Richtung.

Zeitableitungen bezüglich ruhender und bewegter Bezugssysteme

Wird zur Beschreibung eines Vektors $\vec{B}$ ein mit der Winkelgeschwindigkeit $\vec{\omega}$ rotierendes Koordinatensystem $\hat{x}$, $\hat{y}$, $\hat{z}$ genutzt, so gilt für die Zeitableitung von $\vec{B}$ bezüglich des raumfesten x, y, z Systems

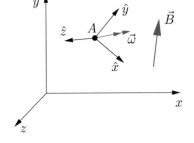

$$\dot{\vec{B}} = \frac{D\vec{B}}{Dt} + \vec{\omega} \times \vec{B}$$.   (3.69)

Dabei ist $\frac{D\vec{B}}{Dt}$ die Zeitableitung von $\vec{B}$ bezüglich des rotierenden $\hat{x}$, $\hat{y}$, $\hat{z}$ Systems. Der zweite Summand $\vec{\omega} \times \vec{B}$ beschreibt die Änderung von $\vec{B}$ infolge der Drehung des $\hat{x}$, $\hat{y}$, $\hat{z}$ Systems relativ zum raumfesten x, y, z System.

3.8.2 Kinetik

Die Bewegung eines starren Körpers im Raum wird genauso wie in der Ebene durch die Impulsbilanz (dynamisches Kräftegleichgewicht) und die Drehimpulsbilanz (dynamisches Momentengleichgewicht) beschrieben.

$$\vec{F}_R = \dot{\vec{p}}, \quad \vec{M}_G = \dot{\vec{L}} \tag{3.70}$$

Die Impulsbilanz beschreibt die translatorische Bewegung des Schwerpunktes des starren Körpers bezüglich des raumfesten x, y, z Systems. Mit den Koordinaten der Resultierenden der äußeren Kräfte gilt:

$$F_{Rx} = m\ddot{x}_S, \quad F_{Ry} = m\ddot{y}_S, \quad F_{Rz} = m\ddot{z}_S \tag{3.71}$$

Die Drehimpulsbilanz beschreibt die rotatorische Bewegung des starren Körpers. So wie beim Aufstellen des Momentengleichgewichts in der Statik muss für die Drehimpulsbilanz ein Bezugspunkt gewählt werden. Geeignete Bezugspunkte sind:

- der Ursprung des raumfesten Koordinatensystems O,

- ein beliebig bewegter Punkt A,

- der Schwerpunkt des Körpers S,

so dass gilt:

$$\vec{M}_G^O = \dot{\vec{L}}^O, \quad \vec{M}_G^A = \dot{\vec{L}}^A, \quad \vec{M}_G^S = \dot{\vec{L}}^S \tag{3.72}$$

Die Gleichung zur Bestimmung des Gesamtmomentes $\vec{M}_G^O$ ist im Rahmen der Raumstatik im Abschnitt 1.7.2 angegeben. Die Bestimmung von $\vec{M}_G^A$ und $\vec{M}_G^S$ erfolgt analog durch Anpassung der zum Kraftangriffspunkt zeigenden Ortsvektoren $\vec{r}_i$.

Drehimpuls und Drehimpulsbilanz für verschiedene Bezugspunkte

Aus der Darstellung des Drehimpulses $\vec{L}$ für einen speziellen Bezugspunkt kann durch Zeitableitung dessen zeitliche Änderung bezüglich des raumfesten x, y, z-Systems bestimmt werden. Damit werden die Drehimpulsbilanzen gemäß Gl. (3.72) konkretisiert.

$$\vec{L}^S = \int_m \vec{r}_{SP} \times (\vec{\omega} \times \vec{r}_{SP})\, dm$$

$$\boxed{\vec{M}_G^S = \dot{\vec{L}}^S} \qquad (3.73)$$

$$\vec{L}^O = \int_m \vec{r} \times \vec{v}\, dm$$

$$\boxed{\vec{M}_G^O = \vec{r}_S \times \ddot{\vec{r}}_S\, m + \dot{\vec{L}}^S} \qquad (3.74)$$

$$\vec{L}^A = \int_m \vec{r}_{AP} \times (\vec{v}_A + \vec{\omega} \times \vec{r}_{AP})\, dm$$

$$\boxed{\vec{M}_G^A = \vec{r}_{AS} \times \ddot{\vec{r}}_S\, m + \dot{\vec{L}}^S}$$

$$(3.75)$$

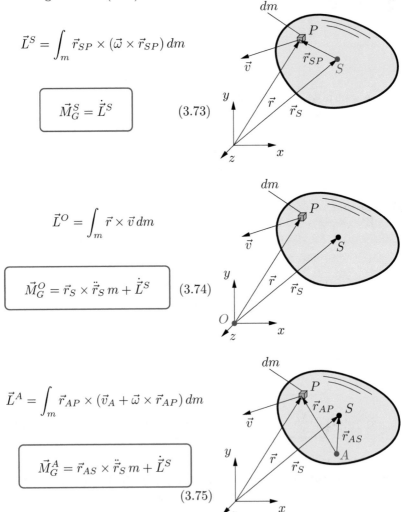

Massenträgheitsmomente

Werden die Koordinaten des Drehimpulses $\vec{L}^S$ bestimmt, so fallen Integralausdrücke an, die als Massenträgheitsmomente J_{kl} bezeichnet werden. Wird der Drehimpuls in einem körperfesten $\hat{x}$, $\hat{y}$, $\hat{z}$ System dargestellt, so sind diese zeitlich konstant. Die Koordinaten von $\vec{L}^S$ können dann übersichtlich in der Matrizenform

$$\boxed{[L_k^S] = [J_{kl}]\,[\omega_l]} \tag{3.76}$$

mit $k, l = \hat{x}, \hat{y}, \hat{z}$ und

$$
\begin{bmatrix} L_{\hat{x}}^S \\ L_{\hat{y}}^S \\ L_{\hat{z}}^S \end{bmatrix}
=
\begin{bmatrix} J_{\hat{x}\hat{x}} & J_{\hat{x}\hat{y}} & J_{\hat{x}\hat{z}} \\ J_{\hat{y}\hat{x}} & J_{\hat{y}\hat{y}} & J_{\hat{y}\hat{z}} \\ J_{\hat{z}\hat{x}} & J_{\hat{z}\hat{y}} & J_{\hat{z}\hat{z}} \end{bmatrix}
\begin{bmatrix} \omega_{\hat{x}} \\ \omega_{\hat{y}} \\ \omega_{\hat{z}} \end{bmatrix}
\quad \text{mit}
$$

$$J_{\hat{x}\hat{x}} = \int_m (\hat{y}^2 + \hat{z}^2)\,dm \qquad J_{\hat{x}\hat{y}} = -\int_m \hat{x}\hat{y}\,dm \qquad J_{\hat{x}\hat{z}} = -\int_m \hat{x}\hat{z}\,dm$$

$$J_{\hat{y}\hat{x}} = J_{\hat{x}\hat{y}} \qquad J_{\hat{y}\hat{y}} = \int_m (\hat{x}^2 + \hat{z}^2)\,dm \qquad J_{\hat{y}\hat{z}} = -\int_m \hat{y}\hat{z}\,dm$$

$$J_{\hat{z}\hat{x}} = J_{\hat{x}\hat{z}} \qquad J_{\hat{z}\hat{y}} = J_{\hat{y}\hat{z}} \qquad J_{\hat{z}\hat{z}} = \int_m (\hat{x}^2 + \hat{y}^2)\,dm$$

angegeben werden. Werden die körperfesten $\hat{x}, \hat{y}, \hat{z}$-Achsen so ausgerichtet, dass sie den Hauptträgheitsachsen 1, 2, 3 entsprechen, dann vereinfacht sich Gl. (3.76) zu

$$\boxed{L_1^S = J_1\omega_1\,, \quad L_2^S = J_2\omega_2\,, \quad L_3^S = J_3\omega_3} \quad , \tag{3.77}$$

wobei J_1, J_2 und J_3 die Hauptmassenträgheitsmomente sind.

Tipp:

◆ Bei vielen Aufgabenstellungen hat der starre Körper die Form eines Quaders, einer Kreisscheibe oder eines Kreiskegels. Dann sind die Hauptträgheitsachsen durch die Symmetrieachsen und die Achsen senkrecht dazu leicht zu identifizieren.

Satz von Steiner

Ausgehend von bekannten Massenträgheitsmomenten bezüglich eines im Schwerpunkt des Körpers platzierten $\hat{x}, \hat{y}, \hat{z}$-Koordinatensystems, können mit dem Satz von Steiner die Massenträgheitsmomente für ein achsenparalleles $\bar{x}, \bar{y}, \bar{z}$-Koordinatensystem bestimmt werden.

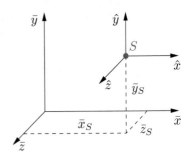

$$J_{\bar{x}\bar{x}} = J_{\hat{x}\hat{x}} + (\bar{y}_S^2 + \bar{z}_S^2)m \qquad J_{\bar{x}\bar{y}} = J_{\hat{x}\hat{y}} - \bar{x}_S\bar{y}_S m$$

$$J_{\bar{y}\bar{y}} = J_{\hat{y}\hat{y}} + (\bar{x}_S^2 + \bar{z}_S^2)m \qquad J_{\bar{x}\bar{z}} = J_{\hat{x}\hat{z}} - \bar{x}_S\bar{y}_S m$$

$$J_{\bar{z}\bar{z}} = J_{\hat{z}\hat{z}} + (\bar{x}_S^2 + \bar{y}_S^2)m \qquad J_{\bar{y}\bar{z}} = J_{\hat{y}\hat{z}} - \bar{y}_S\bar{z}_S m$$

Dabei beschreiben $\bar{x}_S$, $\bar{y}_S$, $\bar{z}_S$ die Lage des Schwerpunktes S ausgehend vom $\bar{x}, \bar{y}, \bar{z}$-System.

Drehimpulsbilanz in körperfesten Koordinaten

Im Schwerpunkt des Körpers wird ein körperfestes, d. h. mitrotierendes, kartesisches $\hat{x}, \hat{y}, \hat{z}$-System eingeführt. Mit Bezug auf dieses Koordinatensystem kann die Drehimpulsblianz (3.73) unter Verwendung der Koordinaten des Drehimpulses gemäß Gl. (3.76) in der Form

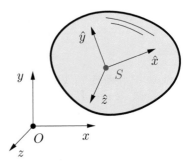

$$\begin{bmatrix} M_{G\hat{x}}^S \\ M_{G\hat{y}}^S \\ M_{G\hat{z}}^S \end{bmatrix} = \begin{bmatrix} J_{\hat{x}\hat{x}} & J_{\hat{x}\hat{y}} & J_{\hat{x}\hat{z}} \\ J_{\hat{y}\hat{x}} & J_{\hat{y}\hat{y}} & J_{\hat{y}\hat{z}} \\ J_{\hat{z}\hat{x}} & J_{\hat{z}\hat{y}} & J_{\hat{z}\hat{z}} \end{bmatrix} \begin{bmatrix} \dot{\omega}_{\hat{x}} \\ \dot{\omega}_{\hat{y}} \\ \dot{\omega}_{\hat{z}} \end{bmatrix} + \begin{bmatrix} L_{\hat{z}}^S \omega_{\hat{y}} - L_{\hat{y}}^S \omega_{\hat{z}} \\ L_{\hat{x}}^S \omega_{\hat{z}} - L_{\hat{z}}^S \omega_{\hat{x}} \\ L_{\hat{y}}^S \omega_{\hat{x}} - L_{\hat{x}}^S \omega_{\hat{y}} \end{bmatrix} \qquad (3.78)$$

angegeben werden.

Beachte:

■ Die für das Gleichungssystem (3.78) benötigte Zeitableitung $\dot{\vec{L}}^S$ beschreibt die zeitliche Änderung von $\vec{L}^S$ in Bezug auf das raumfeste x, y, z-System. Da $\dot{\vec{L}}^S$ nur in körperfesten Koordinaten sinnvoll beschrieben wird, die J_{kl} sind dann konstant, wird zur Bildung von $\dot{\vec{L}}^S$ die Gl. (3.69) benutzt.

Eulersche Gleichungen

Ist das im Schwerpunkt platzierte körperfeste Koordinatensystem ein Hauptachsensystem, dann vereinfacht sich das Gleichungssystem (3.78) zu den sogenannten Eulerschen Gleichungen (3.79).

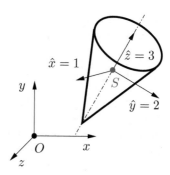

$$
\begin{array}{l}
M_{G1}^S = J_1\dot{\omega}_1 - (J_2 - J_3)\omega_2\omega_3 \\
M_{G2}^S = J_2\dot{\omega}_2 - (J_3 - J_1)\omega_3\omega_1 \\
M_{G3}^S = J_3\dot{\omega}_3 - (J_1 - J_2)\omega_1\omega_2
\end{array}
\tag{3.79}
$$

Wird statt dem Hauptachsensystem ein nicht körperfestes Koordinatensystem $\bar{x}, \bar{y}, \bar{z}$ eingeführt, für welches gilt:

- das $\bar{x}, \bar{y}, \bar{z}$-System rotiert bezüglich des raumfesten x, y, z-Systems mit der Winkelgeschwindigkeit $\vec{\Omega}$,

- die Massenträgheitsmomente des Körpers sind bezüglich des $\bar{x}, \bar{y}, \bar{z}$-Systems zeitlich konstant,

- die Deviationsmomente des Körpers sind bezüglich des $\bar{x}, \bar{y}, \bar{z}$-Systems null,

modifizieren sich die Gln. (3.79) zu

$$
\begin{aligned}
M_{G\bar{x}}^S &= J_{\bar{x}}\dot{\omega}_{\bar{x}} - J_{\bar{y}}\Omega_{\bar{z}}\omega_{\bar{y}} + J_{\bar{z}}\Omega_{\bar{y}}\omega_{\bar{z}} \\
M_{G\bar{y}}^S &= J_{\bar{y}}\dot{\omega}_{\bar{y}} - J_{\bar{z}}\Omega_{\bar{x}}\omega_{\bar{z}} + J_{\bar{x}}\Omega_{\bar{z}}\omega_{\bar{x}} \\
M_{G\bar{z}}^S &= J_{\bar{z}}\dot{\omega}_{\bar{z}} - J_{\bar{x}}\Omega_{\bar{y}}\omega_{\bar{x}} + J_{\bar{y}}\Omega_{\bar{x}}\omega_{\bar{y}}
\end{aligned}
\qquad (3.80)
$$

Hinweis:

- Die Gln. (3.79) können zur Lösung von Fragestellungen aus dem Bereich der Rotordynamik benutzt werden.

- Die Gln. (3.80) können zur Lösung von Fragestellungen aus dem Bereich der Kreiseldynamik benutzt werden.

- Die Gln. (3.79) und (3.80) sind jeweils auf den Schwerpunkt des Körpers bezogen. Alternativ ist als Bezugspunkt z. B. auch der Ursprung O des raumfesten Koordinatensystems möglich. Dann sind die Momente auf der linken Seite und die Massenträgheitsmomente auf rechten Seite mit Bezug auf den Punkt O zu formulieren.

Erratum zu: Technische Mechanik – Erweiterte Formelsammlung

Erratum zu:
T. Pyttel und B. Pyttel, *Technische Mechanik – Erweiterte Formelsammlung*,
https://doi.org/10.1007/978-3-658-44847-9

Die Originalversion des Buches wurde fälschlicherweise ohne den Hinweis auf den Copyright-Inhaber der Abbildungen veröffentlicht. Wir haben diesen Hinweis ergänzt.

Die aktualisierte Version des Buchs finden Sie unter
https://doi.org/10.1007/978-3-658-44847-9

© Der/die Autor(en), exklusiv lizenziert an
Springer Fachmedien Wiesbaden GmbH, ein Teil von Springer Nature 2024
T. Pyttel und B. Pyttel, *Technische Mechanik – Erweiterte Formelsammlung*,
https://doi.org/10.1007/978-3-658-44847-9_4

Sachwortverzeichnis

© Der/die Herausgeber bzw. der/die Autor(en), exklusiv lizenziert an
Springer Fachmedien Wiesbaden GmbH, ein Teil von Springer Nature 2024
T. Pyttel und B. Pyttel, *Technische Mechanik – Erweiterte Formelsammlung*,
https://doi.org/10.1007/978-3-658-44847-9

Printed in the United States
by Baker & Taylor Publisher Services